Felix Auerbach

Geschichtstafeln der Physik

bremen
university
press

Felix Auerbach

Geschichtstafeln der Physik

ISBN/EAN: 9783955622671

Auflage: 1

Erscheinungsjahr: 2013

Erscheinungsort: Bremen, Deutschland

@ Bremen-university-press in Access Verlag GmbH, Fahrenheitstr. 1, 28359 Bremen. Alle Rechte beim Verlag und bei den jeweiligen Lizenzgebern.

bremen
university
press

GESCHICHTSTAFELN

DER

PHYSIK

VON

FELIX AUERBACH

Vorrede.

Das vorliegende Buch stellt die Frucht langjähriger, wenn auch meist nur gelegentlicher Aufzeichnungen und Eintragungen dar, die, ursprünglich für den eigenen Gebrauch bestimmt und in engerem Rahmen gehalten, zuletzt die jetzige Gestalt angenommen haben. In dieser werden sie, wie ich hoffe, für viele Zwecke sich als brauchbar erweisen, so zum Gebrauche für Vorlesungen, zur Vorbereitung auf Prüfungen, zur Entscheidung historischer Fragen und schließlich vielleicht nicht am wenigsten als eine, wenn auch kondensierte und schematische, so doch für den, der in und zwischen den Zeilen zu lesen versteht, fesselnde und anregende Lektüre.

Das Gebiet der Physik ist vollständig umspannt, von den Nachbargebieten, einschließlich der kosmischen und Geophysik, aber nur das Allerwichtigste herbeigezogen worden, da man sonst bald gar keine Grenzen mehr gefunden hätte. Überall ist, soweit irgend erforderlich, auf die Quellen zurückgegangen und in zweifelhaften Fällen der neueste und vermutlich richtigste Standpunkt eingenommen worden. Nebenher wurden natürlich auch zusammenfassende Werke zu Rate gezogen, so Winkelmanns Handbuch der Physik, Rosenbergers und Hellers Geschichten der Physik, Poggendorff-Oettingens Handwörterbuch zur Geschichte der exakten Wissenschaften, Darmstädters Handbuch (dieses für technische Grenzfragen), sowie die wichtigsten physikalischen Zeitschriften.

Mit schwerem Herzen wurde das Jahr 1900 als Schlußjahr gewählt, da sich zeigte, daß für die seit dem verstrichenen Jahre, also für die allerneueste Zeit (für die das Material im Konzept ebenfalls vorliegt), ein einigermaßen sicheres Urteil über das, was „historisch" werden wird, sich nicht gewinnen läßt. In Fällen, wo es sich um jahrelang fortgeführte Untersuchungen handelt, ist das Anfangsjahr angegeben, jener Umstand aber durch Beifügung eines f angedeutet worden. In einer größeren Reihe von Fällen ist auf frühere Jahre verwiesen worden, in denen der betreffende Fortschritt bereits einen Anlauf genommen hat.

Um für diese erste und ausgedehnteste Tafel eine Anzahl von Ruhepausen zu gewinnen, wurden vor gewisse epochemachende Entdeckungen größere Absätze gemacht. Es bedarf kaum der Erwähnung, daß diese Stellen teilweise auch anders hätten gewählt werden können.

Zur Ergänzung der Haupttafel dienen drei kleinere. Zuerst eine Tafel physikalischer Bücher, die in irgend einer Hinsicht von Bedeutung gewesen oder geworden sind; im allgemeinen ist dabei, entsprechend dem historischen Charakter dieses Buches, die erste Auflage angegeben worden. Der Einheitlichkeit zu Liebe wurde dabei, obgleich das hier nicht notwendig gewesen wäre, ebenfalls mit dem Jahre 1900 abgeschlossen. Zweitens eine Tafel ausgewählter Physiker, mit Angabe von Geburts- und Todesjahr, nach dem ersteren geordnet; von der Aufnahme noch lebender Physiker ist aus naheliegenden Gründen abgesehen worden. Endlich zum Schluß ein alphabetisches Verzeichnis der in der ersten Tafel enthaltenen Autoren, mit Angabe der Jahreszahlen, bei denen sie vorkommen. Eine weitere naheliegende Beigabe, nämlich ein alphabetisches Sachverzeichnis, mußte, da es unverhältnismäßig viel Raum beansprucht hätte, unterdrückt werden; es ist aber vorbereitet und soll, falls das Interesse an dem Buche einen Neudruck ermöglicht, in diesen einbezogen werden.

Ein Blick auf die Tafeln wird dem Benutzer zeigen, daß ich bis auf einen etwaigen, unvermeidlichen und verzeihlichen Rest allen Nationen hinsichtlich ihrer Mitarbeit an dem großen Werke der Physik in gleicher Weise gerecht geworden bin. Dagegen ist, trotz aller angewandten Sorgfalt, kaum anzunehmen, daß die Tafeln sachlich durchaus vollkommen geraten seien, namentlich in der Hinsicht, daß nicht hier und da Fortschritte werden vermißt werden, die vielleicht für wichtiger erachtet werden, als andre, die Aufnahme gefunden haben. Wenn das Buch den Anklang findet, den ich ihm erhoffe, so wird sich, auch unter der freundlichen Mitwirkung seiner Leser, Gelegenheit bieten, derartige Unvollkommenheiten später zu beseitigen.

Jena, Herbst 1909.

Felix Auerbach.

Inhalt.

I.

Tafel wichtiger Fortschritte in der gesamten Physik, mit Angabe des Jahres und des Urhebers.

− 650	Sechsstufige, diatonische und chromatische Tonleiter	*Terpander*
590	Elektrische und magnetische Anziehung . .	*Thales* (nach *Aristoteles*)
585	Vorhersage einer Sonnenfinsternis	*Thales*
580	Mit der Materie untrennbar verbundene Seele (Grundgedanke der Energie als Zustands-funktion)	*Thales*
550	Harmonische Tonintervalle, pythagoräisches Komma, pythagoräische Tonleiter	*Pythagoras*
495	Panta rhei (alles ist im Fluß, Grundgedanke der kinetischen Auffassung	*Heraklit*
480	Atomistik und Wirbelbewegung	*Leukipp*
450	Optischer Buchstaben-Telegraph	*Kleoxenos* und *Demoklitos*
	Satz von der Erhaltung des Stoffs	*Empedokles*
420	Atomtheorie der Materie, exaktere Form . .	*Demokrit*
390	Die Tonhöhe beruht auf der Schwingungszahl	*Archytas*
385	Greifbare Erfindung von Rolle und Schraube	*Archytas*
380	Annähernde Bestimmung des Erdumfangs. .	*Archytas*
365	Der freie Fall ist eine beschleunigte Bewegung	*Aristoteles*
360	Hebelsatz in exakter Form	*Aristoteles*
350	Die Schallfortpflanzung erfolgt durch Luft-schwingungen	*Aristoteles*
	Kontinuität der Materie	*Aristoteles*
	Grundqualitäten: warm-kalt und trocken-feucht, daraus durch Kombination hervor-gehend die vier Elemente.	*Aristoteles*
	Versuch, die Harmonielehre physikalisch zu begründen.	*Aristoxenos*
340	Abnahme der Temperatur mit der Höhe . .	*Aristoteles*
335	Hypothese des alles durchdring. Weltäthers .	*Aristoteles*
305	Ableitung des Reflexionsgesetzes aus Symme-triegründen	*Euklid*

300	Systematik der mathematischen Lehrsätze .	*Euklid*
	Erstes Erdbebenverzeichnis	*Kalatis*
	Beobachtung von Ebbe und Flut im Ozean und ihre Zurückführung auf den Mond als ursächliche Kraft	*Pytheas*
280	Entschiedenes Bekenntnis zur Bewegung der Erde um die Sonne	*Aristarch*
275	Berechnung der Zahl π zu 3,141—3,142 . .	*Archimedes*
270	Spezielle Ausgestaltung des Hebelgesetzes .	*Archimedes*
260	Bestimmung des Schwerpunktes einfacher Gebilde (Flächen)	*Archimedes*
256	Erster Leuchtturm (ohne Optik): Pharus von Alexandrien	*Sostratos*
250	Auftrieb fester Körper in Flüssigkeiten (Archimedisches Prinzip)	*Archimedes*
240	Wasserschraube, Schraube ohne Ende, Flaschenzug, Brennspiegel	*Archimedes*
230	Erste näher bekannte Gradmessung (im Ergebnis freilich ganz falsch)	*Eratosthenes*
210	Cardanisches Kreuzgelenk	*Philo v. Byzanz*
200	Saugpumpe	*?*
175	Wasseruhr, Druckpumpe, Feuerspritze . . .	*Ktesibios?*
145	Einführung von geographischer Länge und Breite als Erdkoordinaten	*Hipparch*
140	Stereographische Projektion für kartographische Zwecke	*Hipparch*
130	Präzession der Tag- und Nacht-Gleichen . .	*Hipparch*
	Ältestes Seismoskop (labile Kugeln)	*Cho-Ko*
120	Heronsbrunnen, Äolipile und ähnliches. . .	*Heron?*
110	Andeutung des Satzes vom kürzesten Lichtwege für die Reflexion an ebenen Flächen	*Heron*
105	Ableitung des Reflexionsgesetzes hieraus . .	*Heron*
	Erster Versuch einer Theorie der Gezeiten .	*Posidonius*
100	Erste Windfahne auf dem Turm der Winde in Athen	*Andronikos*
70	Theorie der Kraftströmungen und Wirbel . .	*Lucrez*
55	Ausführliche Darlegung der Begriffe Atom und Molekel	*Lucrez*
10	Strahlenbrechung der Gestirne	*Kleomedes*

1190	Kompaßnadel, auf Wasser schwimmend . .	---
1200	Einführung der Gewichts- u. Räderuhren in Europa	—
1250	Angeblich erste Anwendung des Schießpulvers im Kriege	—
1267	Brennpunkt und sphärische Aberration eines . Brennspiegels	*Roger Bacon*
1269	Gegensatz der beiden Magnetpole, Abstoßung gleichartiger, Anziehung ungleichartiger .	*Petrus Peregrinus*
1280	Erste, z. T. richtige Erklärung d. Regenbogens	*Al Farisi*
1285	Erfindung der Brille durch *Alessandro de Spina* oder *Salvino degli Armati*	
1302	Kompaß mit Windrose und andere Beigaben .	*Gioja*
1311	Camera obscura	*Levi ben Gerson*
1364	Räderuhr mit Hemmung, Unruhe u. Schlagwerk	*Heinr. v. Wick*
1400	Methode des Magnetisierens durch Streichen	*Araber*
1440	Entschiedene Behauptung d. Drehung d. Erde	*Nicolaus v. Cusa*
	Erste Idee eines Tiefseelotes mit sich ablösendem und aufsteigendem Senkkörper .	*Nicolaus v. Cusa*
1447	Proportionalzirkel oder Storchschnabel . . .	*Battista Alberti*
1468	Größte und genauste Sonnenuhr in Florenz .	*Toscanelli*
1480	Erste Beschreibung des Fallschirms	*Leonardo da Vinci*
1490	Erstes brauchbares Hygrometer	*Leonardo da Vinci*
1492	Änderung der Deklination von Ort zu Ort .	*Columbus*
1500	Das Wasser hat ein besonders großes Leitungsvermögen für Schall	*Leonardo da Vinci*
	Erste Erwähnung der Beugung des Lichts .	*Leonardo da Vinci*
	Erste Erwähnung der Kapillarerscheinungen in wissenschaftlicher Form	*Leonardo da Vinci*
1505	Verbesserte Camera obscura (vgl. 1311) . .	*Leonardo da Vinci*
1510	Erste Beiträge zur wissenschaftl. Wellenlehre	*Leonardo da Vinci*
	Erste Bestimmung der Deklination auf dem Festlande	*Hartmann*
1515	Allgemeine Bedeutung der statischen Momente	*Leonardo da Vinci*
1518	Erste wissenschaftliche Reibungsversuche . .	*Leonardo da Vinci*
1525	Erstes Reise-Deklinatorium	*Guilen*
1530	Kopernikanisches Weltsystem	*Kopernikus*

1537	Der Wurf unter 45 Grad Elevation liefert die größte Wurfweite	*Tartaglia*
1538	Älteste Nachricht von der Benutzung einer Taucherglocke	—
	Entdeckung des Gesteinsmagnetismus . . .	*Castro*
1539	Systematik der Magnetisierung durch Streichen (vgl. 1400)	*Rhäticus*
1540	Untersuchungen über Magnetismus	*Hartmann*
1543	Erklärung der Präzession durch die Anziehung der Sonne auf die nichtkuglige Erde .	*Kopernikus*
1544	Entdeckung der Inklination der Magnetnadel	*Hartmann*
1547	Grundlegung zum heutigen System der Tonarten	*Glareanus*
1550	Erste Idee zu einem enharmonischen Harmonium	*Mercator*
1556	Schwärzung des Chlorsilbers durch Sonnenlicht	*Fabricius*
1558	Verbesserte Camera obscura (vgl. 1505 u. 1311)	*Porta*
1560	Cardanische Aufhängung	*Cardani*
1561	Erste sichere Beschreibung eines Nordlichtes	*Gessner*
1575	Optische Untersuchungen, insb. Wirkung der Kristallinse, Kurz- u. Weitsichtigkeit . .	*Maurolykos*
1577	Wirkungsweise des Flaschenzugs usw. . . .	*Ubaldi*
	Vorahnung des Prinzips der virtuellen Arbeit	*Ubaldi*
1580	Messung der Inklination mit dem Inklinatorium	*Normann*
	Untersuchungen über Magnetpole	*Porta*
1582	Gregorianischer Kalender	*Gregor XIII.*

1583	Pendelbeobachtungen im Dom zu Pisa (Isochronismus)	*Galilei*
1585	Mechanische Untersuchungen	*Stevin*
	Gleichschnelles Fallen, tangentiale Weiterbewegung, statische Momente usw. . . .	*Benedetti*
1587	Boden- und Seitendruck der Flüssigkeiten, kommunizierende Röhren u. hydrostatisches Paradoxon	*Stevin*
1588	Die Erde hat zwei Magnetpole	*Sanuto*
1589	Erste empirische Bestimmung der astronomischen Refraktion und Tafeln dafür . .	*Tycho Brahe*
	Andeutung des Satzes vom Parallelogramm der Kräfte	*Stevin*
1590	Fallversuche vom schiefen Turm zu Pisa: alle Körper fallen gleich schnell	*Galilei*

1590	Erfindung des Mikroskops	Jansen
	Erste Theorie und Vorausbestimmung der Gezeiten	Stevin
1594	Prinzip der virtuellen Verrückungen für gewisse spezielle Fälle	Stevin
1596	Der Fall auf der schiefen Ebene ist eine gleichförmig beschleunigte Bewegung	Galilei
	Gesetz der Schwingungsdauern versch. Pendel	Galilei
1597	Erfindung des Thermometers (Luftthermometer)	Galilei
1600	Die Flüssigkeit wird um ebensoviel schwerer wie der eingetauchte Körper leichter . .	Stevin
	Grundlegung der Lehre vom Magnetismus .	Gilbert
	Erkenntnis des Gegensatzes zwischen elektrischen und magnetischen Erscheinungen	Gilbert
	Die Wurflinie ist eine Parabel	Galilei
1603	Einführung des Namens Mikroskop	Desmicianus
1604	Erste wissenschaftlich fundierte Refraktionstafel	Kepler
	Endgültige Form der Fallgesetze	Galilei
1605	Forderung der induktiven Methode und der ausgiebigen Anstellung von Experimenten	Francis Bacon
1607	Unbewußte Beobachtung des ersten Sonnenflecks	Kepler
1608	Vorahnung des Beharrungsprinzips	Galilei
	Abschließende mechanische Untersuchungen .	Stevin
	Erfindung des Fernrohrs	Lippershey
1609	Die ersten beiden Keplerschen Gesetze . .	Kepler
1610	Verbesserung und astronomische Verwendung des holländischen Fernrohrs (Galileisches F.)	Galilei
	Entdeckung der Jupitermonde, der Venusphasen und vielleicht auch der Sonnenflecke	Galilei
	Verschiedenheit der verschiedenen Luftarten	Helmont
1611	Astronomisches oder Keplersches Fernrohr .	Kepler
	Drehung der Sonne um ihre Achse	Galilei
	Dioptrische Untersuchungen	Kepler
	Totalreflexion und Grenzwinkel	Kepler
	Beschreibung der Sonnenflecke	Scheiner
1612	Erste Idee des Teleobjektivs	Kepler
	Erste Erwähnung der jetzt Phosphoreszenz genannten Erscheinungen	—
1613	Galileische oder arithmetische Temperaturskala	Galilei
1614	Erste Veröffentlichung einer Logarithmentafel (vgl. 1620)	Napier
1615	Brechungsgesetz des Lichts (nicht publiziert)	Snellius
1616	Entdeckung der Wärme des Erdinnern . . .	Morin
1617	Methode der Triangulation der Erdoberfläche	Snellius
1618	Drittes Keplersches Gesetz	Kepler

1619	Optische Untersuchungen	*Scheiner*
	Scheinerscher Versuch (Doppelbilder durch zwei benachbarte Löcher hindurch) . . .	*Scheiner*
1620	Veröffentlichung der 1611 entstandenen, also zeitlich ersten Logarithmentafel (vgl. 1614)	*Bürgi ·*
	Glastränen, bei Abbrechen der Spitze in Pulver zerfallend (Bologna u. a. O.)	—
	Die Wärme als Bewegung der kleinsten Teilchen	*Bacon*
1622	Auf der Netzhaut entstehen wirkliche Bilder	*Scheiner*
1624	Atomenlehre (vgl. 480 u. 420 v. Chr.) . . .	*Gassendi*
1630	Magnetische Untersuchungen	*Kircher*
	Erste (fehlerhafte) Bestimmung der Schallgeschwindigkeit	*Mersenne*
	Einführung des Namens „Elektrische Kraft" für die Anziehung des Bernsteins	*Gilbert*
1631	Erfindung des später sog. Nonius	*Vernier*
1632	Aufstellung des Kraftgesetzes (2. Prinzip der Bewegung)	*Galilei*
	Neuerfindung des Storchschnabels (vgl. 1447)	*Scheiner*
1635	Güldinsche Regel, betr. den Schwerpunkt (vgl. 290)	*Güldin*
	Säkulare Variation der Deklination	*Gellibrand*
1636	Experimentelle Ermittelung der Gesetze der Saitenschwingungen	*Mersenne*
	Erste wissenschaftliche Beschreibung des Mitschwingens.	*Mersenne*
1637	Erster Versuch, die Stoßgesetze zu fixieren .	*Marcus Marci*
	Erster Gedanke einer Wellentheorie des Lichts	*Descartes*
	Cartesische Flächen (aplanatische Flächen) .	*Descartes*
	Brechungsgesetz in der jetzt üblichen Form	*Descartes*
1639	Erste Ausführung einer Regenmessung . . .	*Castelli*
1640	Erfindung des Mikrometers	*Gascoigne*
1643	Messung des Luftdrucks, Beobachtung seiner Schwankung, Beseitigung des Horror Vacui	*Torricelli und Viviani*
	Erstes Quecksilber-Thermometer	*Kircher*
1644	Toricellisches Theorem für den Ausfluß . .	*Torricelli*
	Einführung der Bewegungsgröße (Quantität der Bewegung) als maßgebend für die Arbeit	*Descartes*
1645	Erstes terrestrisches Fernrohr	*Schyrl*
1646	Optische Untersuchungen	*Kircher*
	Neues Mikroskop (zwei Sammellinsen) . . .	*Fontana*
1647	Berechnung der Brennpunkte aller Arten Linsen	*Cavalieri*
	Brechungs- und Reflexionstheorie des Regenbogens	*Descartes*
1648	Prismatische Farbenzerstreuung.	*Marcus Marci*

1648	Luftdruckbeobachtung und 1. barometrische Höhenmessung auf dem Puy-de-Dôme . .	*Pascal* u. *Périer*
	Cartesischer Taucher	*Magiotti*
1650	Wissenschaftliche Untersuchung des Echos .	*Kircher*
	Huygens' Theorem, betr. das Gleichgewicht schwimmender Körper	*Huygens*
	Beschreibung der Äolsharfe und ihrer Wirkung	*Kircher*
1652	Erfindung der Luftpumpe (1648?)	*Guericke*
1654	Experiment mit den Magdeburger Halbkugeln	*Guericke*
1657	Differentialthermometer	*Schott*
1658	Pendeluhr (Vorläufer Galilei 1636)	*Huygens*
1660	Boylesches Gesetz für ideale Gase (vgl. 1676)	*Boyle*
	Erfindung der Libelle	*Chapotet* und *Thevenot*
	Beugung oder Diffraktion des Lichts . . .	*Grimaldi*
	Hookesches Gesetz, betreffend die elastische Dehnung usw. (publiziert 1676)	*Hooke*
	Der Flüssigkeitsdruck ist nach allen Seiten gleich	*Pascal*
1661	Erste, zum Teil richtige Beobachtungen über Kapillarität	*Fabri*
	Tafeln für die astronomische Refraktion . .	*Cassini*
	Erste brauchbare Idee zum Spiegelteleskop .	*Huygens* und *Guericke*
	Manometer u. Barometerprobe (abgekürztes B.)	*Huygens*
	Teller für die Luftpumpe (vgl. 1652) . . .	*Huygens*
1662	Hydrostatisches Paradoxon	*Pascal*
1663	Erste Beschreibung d. Farben dünner Blättchen	*Boyle*
	Elektrisiermaschine (Reibung einer rotierenden Schwefelkugel mit der Hand)	*Guericke*
	Gewichtsaräometer	*Roberval*
1665	Einführung des Ausdrucks „Parameter" . .	*Boyle?*
	Zusammengesetztes Mikroskop-Okular . . .	*Hooke*
	Eis- und Siedepunkt als Fixpunkte für das Thermometer	*Hooke* und *Huygens*
	Erste Untersuchung d. Farben dünner Blättchen	*Hooke*
	Neues terrestrisches Fernrohr (vgl. 1645) . .	*Rheitas*
	Erster Ansatz einer Wellentheorie des Lichts (vgl. 1637)	*Hooke*

1675	Erste Ventilluftpumpe (vgl. 1652)	*Sturm*
1676	Neuentdeckung des Boyleschen (Mariotteschen)	
	Gesetzes	*Mariotte*
	Gesetze der Farben dünner Blättchen und der	
	Newtonschen Ringe	*Newton*
	Zweistiefelige Luftpumpe	*Papin*
	Berechnung der Lichtgeschwindigkeit aus den	
	Verfinsterungen der Jupitermonde	*Römer*
1677	Ableitung der Gesetze der Reflexion und Bre-	
	chung aus der Wellentheorie	*Huygens*
	Erster wissenschaftlicher Stoßapparat . . .	*Mariotte*
1678	Grundlegung der Elastizitätstheorie	*Hooke*
	Allgemeine Grundlegung der Undulations-	
	theorie des Lichts (Vorläufer Hooke 1665)	*Huygens*
	Einführung des Weltäthers im modernen Sinne	*Huygens*
	Feststellung der Richtung des außerordent-	
	lichen Strahls bei der Doppelbrechung . .	*Huygens*
1679	Theoretische Forderung der östlichen Fall-	
	abweichung der Körper	*Newton*
1680	Erste leidliche Bestimmung der Schallge-	
	schwindigkeit	*Huygens*
	Erfindung der Differentialrechnung (vgl. 1669)	*Leibniz*
	Grundgesetze der Biegung	*Mariotte*
	Abnahme der Luftdichte mit der Höhe . .	*Mariotte*
1681	Konzentration der reflektierten Wärmestrahlen	
	durch Spiegel	*Mariotte*
	Sicherheitsventil (Dampfkochtopf)	*Papin*
1682	Strahlung der Wärme durch Glas hindurch .	*Mariotte*
	Erste systematische Berechnung von Brenn-	
	linien	*Tschirnhausen*
1683	Erste Idee einer Resonanztheorie des Hörens	*Duvernay*
	Allgemeines Gravitationsgesetz (Newtonsches	
	Gesetz)	*Newton*
1684	Kompressionsmanometer	*Mariotte*
	Mariottesche Flasche	*Mariotte*
1686	Erste Formel für barometrische Höhen-	
	messung	*Halley*
	Erfindung der Integralrechnung	*Leibniz*
	Die lebendige Kraft ist charakteristisch für	
	die Arbeitsleistung (vgl. 1644)	*Leibniz*
	Quadratisches Gesetz des Luftwiderstandes .	*Newton*
	Erste (unvollständige) Formel für die Schall-	
	geschwindigkeit (vgl. 1816)	*Newton*
1687	Erste Idee der Zahnradsirene	*Hooke*
	Prinzip der Gleichheit von Wirkung und Gegen-	
	wirkung u. Zusammenfassung d. 3 Bewegungs-	
	gesetze oder Axiome (vgl. 1608 u. 1632) .	*Newton*

1687	Spezielle Fassung des Schwerpunktsatzes . .	*Newton*
	Gesetz der inneren Reibung	*Newton*
1688	Polarisation des Lichts bei der Doppelbrechung	*Huygens*
1689	Einführung der Bezeichnung „Integral". . .	*Jac. Bernoulli*
1690	Ausbau der Integralrechnung.	*Jac. Bernoulli*
	Huygenssches Prinzip der Wellenausbreitung	*Huygens*
1691	Gleichung der Kettenlinie	*Bernoulli, Huygens u. Leibniz*
	Geichschwebende chromatische Tonleiter . .	*Werckmeister*
1692	Vergebliche Versuche über die Kompressibilität des Wassers	*Academia del Cimento*
	Untersuchungen über Brennflächen	*Joh. und Jac. Bernoulli*
1693	Verallgemeinerung des Satzes von der lebendigen Kraft (vgl. 1673 u. 1686)	*Joh. Bernoulli*
1695	Einführung der Ausdrücke „lebendige und tote Kraft".	*Leibniz*
	Erste Dampfmaschine	*Papin*
	Neues Okular für Fernrohr und Mikroskop .	*Huygens*
1696	Die Zykloide ist auch die Brachistochrone .	*Leibniz*
1697	Phlogistontheorie der Verbrennung	*Stahl*
1698	Erste praktisch brauchbare Dampfmaschine .	*Savery*
1699	Gesetze der gleitenden Reibung	*Amontons*
	Bestimmung spezifischer Gewichte mit dem Pyknometer (vgl. 1125)	*Homberg*
1700	Erste Karte der magnetischen Isogonen . .	*Halley*
	Akustische Untersuchungen (Schwebungen, Reiterchen, Partialtöne usw.)	*Sauveur*
1701	Gesetz der Abkühlung eines Körpers. . . .	*Newton*
1702	Idee des Federbarometers	*Leibniz*
1703	Endgültige Festlegung des Siedepunktes des Wassers als Fixpunkt des Thermometers (vgl. 1665)	*Amontons*
	Ausgestaltung des Luftthermometers (vgl. 1597)	*Amontons*
	Erste Beobachtung der Pyroelektrizität des Turmalins durch holländische Juweliere .	—
1704	Theorie des Regenbogens (dioptrisch) . . .	*Newton*
	Beugungserscheinungen durch einen Spalt bei einfarbigem und weißem Licht	*Newton*
1705	Erstes Elektroskop (mit Strohhalm)	*Hawksbee*
	Lösung des Problems der elastischen Linie .	*Jac. Bernoulli*
	Dampfmaschine mit besonderem Dampfkessel	*Newcomen*
1706	Bewußte Erzeugung elektrischer Funken . .	*Hawksbee*
	Bestimmung der Schwingungszahl eines bestimmten Tones bei der Orgel	*Stancari*

1707	Wissenschaftliche Entdeckung der Pyroelektrizität am erhitzten Turmalin (vgl. 1703) *Daumius*
	Elektrodenloses Glimmlicht in Gasen . . . *Hawksbee*
	Fahrt mit dem Dampfschiff auf der Fulda . *Papin*
1709	Vervollständigung d. Torricellischen Theorems *Joh. Bernoulli*
	Erster Luftballon . . . . *Guxmao*
	Erste Ventilluftpumpe . . . . *Hawksbee*
	Elektrostatische Fernwirkung (Influenz) . . . *Hawksbee*
1710	Versuch einer Theorie der Kapillarerscheinungen (Anziehung der Wand) . . . . . *Hawksbee*
	Gegensatz zwischen gleitender und rollender Reibung . . . . *Leibniz*
	Statische Untersuchungen, insbesondere Begründung der graphischen Statik . . . . *Varignon*
1711	Erfindung der Stimmgabel . . . . *Shore*
1713	Flutmühle (30 Jahre in Betrieb) . . . . . *Perse*
	Formel für die Schwingungszahl einer Saite *Taylor*
1714	Quecksilber-Thermometer . . . . *Fahrenheit*
	Vermutung, das Nordlicht sei eine magnetische Erscheinung . . . . *Halley*
1715	Helligkeit im Schattenzentrum eines kleinen Kreisschirms . . . . *Delisle*
	Kompensationspendel . . . . *G. Graham*
1719	Wurflinie bei beliebigem Widerstandsgesetz . *Joh. Bernoulli*
1720	Erste Messungen über Kapillarität . . . . *Jurin*
1721	Unterkühlung des Wassers . . . . *Fahrenheit*
	Quecksilber-Kompensationspendel . . . . *G. Graham*
1724	Fahrenheitsche Temperaturskala . . . . . *Fahrenheit*
1725	Luft wird in der Nähe glühender Körper leitend *Dufay*
	Rostpendel . . . . *Harrison*
1726	Neue Theorie der Harmonie, insbesondere Erklärung der Konsonanz durch gemeinsame Obertöne . . . . *Rameau*
	Beurteilung des Sinns der Volumenänderung beim Erstarren nach der konvexen oder konkaven Oberfläche . . . . *Réaumur*
1728	Aberration des Lichts der Sterne . . . . . *Bradley*
	Pitotsche Röhre zur Messung der Strömungsgeschwindigkeit . . . . *Pitot*
	Lichtwirkung auf Silberverbindungen (vgl. 1556) *J. H. Schulze*
1729	Erster Versuch z. Messung d. Sonnenstrahlung *Bouguer*
	Gesetz der Lichtabsorption in d. Atmosphäre *Bouguer*
	Unterschied zwischen Leitern und Nichtleitern *Gray*
	Erste achromatische Linse (nicht publiziert) . *C. M. Hall*
	Gehärteter Stahl für Magnete . . . . . . *Savary*
1730	Vermutlich erste Anwendung der Wage in der Chemie . . . . —

1743	Erste erfolgreiche Theorie der Kapillarität (Wechselwirkung der Teilchen) (vgl. 1710)	*Clairaut*
	D'Alembertsches Prinzip d. verlorenen Kräfte	*D'Alembert*
	Elektrische Erdleitung	*Winkler*
1744	Konduktor zur Verstärkung der Elektrisiermaschine	*Bose*
	Entdeckung d. Kombinationstöne(Differenztöne)	*Sorge*
1745	Abhängigkeit der Farbe von der Schwingungszahl und Analogie mit der Tonhöhe . . .	*Euler*
	Leidener Flasche	*Kleist*
	Reibkissen für die Elektrisiermaschine . . .	*Winkler*
1746	Verstärkung der elektrischen Ladung durch Gegenüberstellung eines zur Erde abgeleiteten Leiters	*Ounäus u. Kleist*
	Verallgemeinerter Flächensatz (vgl. 1609) . .	*Euler und Bernoulli*
	Gesetze der Leidener Flasche	*Wilson*
	Identität d. elektrischen Funkens mit d. Blitz	*Winkler*
1747	Einwandfreier Nachweis d. Nutation d. Erdachse	*Bradley*
	Lösung des Problems der schwingenden Saiten durch willkürliche Funktionen	*D'Alembert*
	Erste Untersuchung ü. d. Probl. d. drei Körper	*D'Alembert*
	Franklinsche oder Blitztafel	*Franklin*
	Meilenweite Fortleitung der Elektrizität durch die Themse	*Watson*
1748	Vorbereitung der Störungstheorie durch die Methode der Variation der Konstanten . .	*Euler*
	Elektrisches Flugrädchen	*Franklin (?)*
	Behauptung, der Tau stamme aus d. Erdboden	*Gersten*
	Erste Beobachtung der Osmose (Wasser und Alkohol durch Schweinsblase hindurch) . .	*Nollet*
1749	Idee der Lotabweichung zur Bestimmung der mittleren Dichte der Erde	*Bouguer*
	Begründung der Lehre vom Schiffswiderstand	*Euler*
1750	Erfindung des Winkelspiegels zu Meßzwecken	*Adams*
	Magnetisierung durch Doppelstrich	*Canton*
	Wahrscheinliche Erfindung des Blitzableiters	*Franklin*
	Metallpyrometer	*Muschenbroek*
	Temperaturgesetz für Mischung von Körpern	*Richman*
1751	Theorie der Querschwingungen von Stäben .	*D. Bernoulli*
	Idee der Oberflächenspannung d. Flüssigkeiten	*Segner*
1752	Erste Herableitung des Blitzes durch eine Eisenstange zur Erde	*Alibard*
	Drachenversuch zum Nachweis der elektrischen Natur des Blitzes	*Franklin*
	Prinzip d. kleinsten Wirkung (entstanden 1740)	*Maupertuis*
	Verbesserter Theodolit (vgl. 1735)	*Tob. Mayer*

1772	Roses leichtschmelzendes Metall	*Rose*
	Indikator zur Untersuchung von Maschinen, zugleich erste Anwendung der automatisch-graphischen Methode in der Physik . . .	*Watt*
	Untersuchungen über die spezifischen Wärmen	*Wilcke*
1773	Einfluß des Mediums auf die Kapazität des Kondensators	*Cavendish*
	Theorie des Erddrucks	*Coulomb*
	Verbreitung des Öls auf Wasser (vgl. 1150) .	*Franklin*
1774	Latente Wärme des Wassers (Schmelzwärme)	*Black*
	Telegraphie mit 25 Drähten und Hollunder-kügelchen	*Lesage*
	Erster Versuch, die mittlere Erddichte zu be-stimmen (vgl. 1749)	*Maskelyne*
	Entdeckung des Sauerstoffs in der Luft . .	*Priestley*
	Erste praktische Kreisteilmaschine (vgl. 1674)	*Ramsden*
1775	Hydrodynamische Gleichungen in der Euler-schen Form.	*Euler*
	Verbesserte Libelle (Äther, ausgepumpte Luft usw.)	*Fontana*
	Nachweis, daß im Innern der Leiter keine freie Elektrizität vorhanden ist	*Franklin*
1776	Rochonsches doppeltbrechendes Prisma . . .	*Rochon*
1777	Sinken des befeuchteten Thermometers durch Wärmeverbrauch bei der Verdunstung . .	*Cullen*
	Verifikation der Koeffizienten der trigonome-trischen Reihe, mit Beispielen (vgl. 1754) .	*Euler*
	Mittönen der Flammen (chemische Harmonika)	*Higgins*
	Entfernungsgesetz der strahlenden Wärme . .	*Lambert*
	Lichtenbergsche Figuren	*Lichtenberg*
	Einführung des Ausdrucks „Diffusion" . . .	*Priestley*
	Photochemische Reduktion des Silbers . . .	*Scheele*
	Die violetten Strahlen sind photographisch am wirksamsten	*Scheele*
	Absorption der Gase durch feste Körper . .	*Scheele* u. *Fontana*
1778	Entdeckung der diamagnetischen Körper . .	*Brugmans*
	Absorption der Gase durch Flüssigkeiten . .	*Priestley*
	Temperaturerhöhung beim Bohren v. Kanonen-rohren.	*Rumford*
1779	Theorie der Querschwingungen von Stäben (vgl. 1751)	*Euler*
1780	Anlege-Goniometer	*Carangeot*
	Untersuchung der Reibung mit schwingenden Scheiben	*Coulomb*
	Erste Idee der magnetischen Strömung . . .	*Euler*
	Elektrostatische Volumenänderung (?) . . .	*Fontana*

1780	Erstes umfassendes meteorologisches Beobach- tungsnetz.	*Hemmer*
	Eiskalorimeter	*Lavoisier* und *Laplace*
1781	Raum und Zeit als Anschauungsformen . .	*Kant*
	Gleichung für d. Fortpflanzung v. Wasserwellen	*Lagrange*
	Messung von thermischen Ausdehnungskoeffi- zienten	*Lavoisier* und *Laplace*
1782	Entdeckung der Piezoelektrizität (??)	*Hauy*
	Laplacesche Gleichung für das Potential . .	*Laplace*
	Theorie der Ätherstöße zur Erklärung der Gravitation (Korpuskulartheorie).	*Lesage*
	Erfindung des Erhitzungsluftballons (vgl. 1709)	*Brüder Mont- golfier*
	Farbenempfindlichkeit der Silberverbindungen	*Senebier*
	Erstes Registrier-Thermometer	*Six*
	Elektrizität der Flammen	*Volta*
	Begründung der Pyrometrie (Messung hoher Temperaturen)	*Wedgewood*
1783	Erfindung des Wasserstoff-Luftballons (vgl. 1782)	*Charles*
	Wirkliche Erfindung d. Fallschirms (vgl. 1480)	*Lenormand*
	Erste größere Luftfahrt	*Pilatre de Rozier*
	Verbessertes Okular (Ramsdensches Okular) (vgl. 1695).	*Ramsden*
	Saussuresches Haarhygrometer	*Saussure*
1784	Atwoodsche Fallmaschine (Vorläufer *Schober* 1746)	*Atwood*
	Konstruktion der Drehwage und erste exakte Torsionsversuche.	*Coulomb*
	Begründung der wissenschaftlichen Kristallo- graphie	*Hauy*
	Schmelzkurven auf Platten als Isothermen .	*Ingenhouss*
	Abschluß der Störungstheorie (vgl. 1766) . .	*Lagrange* und *Laplace*
	Konstruktion des ersten Seismographen . . .	*Salsano*

———————

1785	Coulombsches Grundgesetz für elektrische und magnetische Pole (vgl. 1760 u. 1771) . .	*Coulomb*
	Versuche über gleitende und rollende Reibung	*Coulomb*
	Elektrizitätsverlust durch Luftleitung . . .	*Coulomb*
	Erste wissensch. Benutzung d. Wortes Energie	*D'Alembert*

1785	Erstes Riesen-Spiegelteleskop	W. Herschel
1786	Goldblatt-Elektroskop	Bennett
	Begründung der modernen Hydraulik . . .	Dubuat
	Erste Beobachtungen über tierische Elektrizität	Galvani
	Erkenntnistheoretische Grundlegungen . . .	Kant
1787	Chladnische Klangfiguren und systematische Untersuchung der Töne und Schwingungsformen von Platten verschiedener Form .	Chladni
	Härtegrade der Mineralien	Hauy
	Erster Gasometer für das Laboratorium . .	Lavoisier
	Nicholsonsche Senkwage	Nicholson
1788	Gesetz der Gefrierpunktserniedrigung von Lösungen (proportional der gelösten Menge) .	Blagden
	Methode der Doppelwägung, Substitutions- und Tariermethode	Borda
	Lagrangesche Grundgleichungen der Bewegung	Lagrange
	Lagrangesche Multiplikatoren	Lagrange
	Lagrangesche Grundgleichungen der Hydrodynamik (vgl. 1759)	Lagrange
	Erster Duplikator für Elektrizität	Nicholson
1789	Vergleichung der Wärmeleitfähigkeit v. Stäben	Ingenhouss
	Begründung der Stöchiometrie	J. B. Richter
	Lichtdurchlässigkeit der Luft (Diaphanometer)	Saussure
1790	Einführung der durchschlagenden Zungen . .	Kratzenstein
	Feder-Dynamometer	Regnier
1791	Festsetzung des 10-millionten Teils des Erdquadranten als Meter (Paris)	—
	Einführung d. Begriffs d. sekundären Spektrums	Blair
	Begründung der „Annalen der Physik". . .	Gren
1792	Erste ausgedehnte Tabellen über die Spannkraft des Wasserdampfes	Bétancourt
	Konstatierung der östlichen Fallabweichung (vgl. 1679)	Guglielmini
	Veränderung des Sauerstoffs durch den elektrischen Funken	Van Marum
	Wiederholung von Galvanis Experiment und Erklärung als physikalisches Kontaktphänomen (vgl. 1786)	Volta
1793	Vermutung eines Zusammenhanges zwischen Löslichkeit und Schmelztemperatur . . .	Lavoisier
	Aufstellung elektrischer Spannungsreihen .	Volta u. Pfaff
1794	Nachweis d. kosmischen Ursprungs d. Meteorite	Chladni
	Rumfordsches Photometer	Rumford
	Hg-Maximum- und Weingeist-Minimum-Thermometer	Rutherford
1795	Telegraphenbetrieb zwischen Madrid und Zaragossa, betrieben mit Leidener Flaschen .	Bétancourt

2*

1800	Beobachtung des ultaroten Spektrums mit dem Thermometer	*Wollaston* und *Herschel*
	Schwebungen gestörter Konsonanzen	*Young*
	Feststellung d. Knoten bei Saitenschwingungen	*Young*
	Untersuchungen über die Ursache der Klangfarbe	*Youny*
	Erste Idee der optischen Beobachtung von Schallschwingungen	*Young*

1801	Potentialabfall in elektrolytischen Leitern . .	*Erman*
	Adhäsionsmethode für Kapillarmessungen . .	*Gay-Lussac*
	Doppelbrechung bei allen nichtregulären Kristallen (vgl. 1739)	*Hauy*
	Die stärkste chemische Wirkung liegt im Ultraviolett (vgl. 1777)	*Ritter*
	Entdeckung der Interferenzerscheinungen . .	*Young*
	Entdeckung des Astigmatismus des Auges .	*Young*
1802	Zusammenfassung der akust. Untersuchungen	*Chladni*
	Daltonsche oder geometrische Temperaturskale (vgl. 1613)	*Dalton*
	Elektrolyse zahlreicher Stoffe	*Davy*
	Herstellung von Lichtbildern auf Chlorsilberpapier in der Dunkelkammer (vgl. 1757) .	*Davy*
	Unipolare Elektrizitätsleitung der Flammen .	*Erman*
	Gay-Lussacsches Ausdehnungs- und Spannungsgesetz	*Gay-Lussac*
	Entdeckung der galvanischen Polarisation . .	*Ritter* und *Gauterau*
	Photographische Silbernitratsilhouetten . . .	*Wedgewood*
	Einführung des Spaltes in die messende Optik	*Wollaston*
	Bestimmung von Brechungsquotienten durch Totalreflexion	*Wollaston*
	Beobachtung der dunklen Linien im Sonnenspektrum	*Wollaston*
	Interferenztheorie der Newtonschen Ringe . .	*Young*
	Interferenzerscheinungen an gemischten Blättchen	*Young*
1803	Freie Diffusion der Flüssigkeiten	*Berthollet*
f.	Begründung der elektrochemischen Theorie .	*Berzelius*
	Versuche und Formel für die Verdampfungsgeschwindigkeit	*Dalton*
	Absorption der Gase und Gemische	*Dalton*

1803	Das absorbierte Gasvolumen ist vom Drucke unabhängig (Henrysches Gesetz)	*Henry*
	Verhältnis der Brennweiten eines räumlichen Büschels	*Lagrange*
	Bau der ersten Sekundärbatterie	*Ritter*
	Periskopische (ungleichseitige) Brille	*Wollaston*
1804	Exakter Nachweis der östlichen Fallabweichung (vgl. 1679 und 1792)	*Benzenberg*
	Empirische Aufstellung des Gesetzes der konstanten Proportionen	*Dalton*
	Erste wissenschaftliche Luftfahrt (vgl. 1783) .	*Biot* und *Gay-Lussac*
	Erste wissenschaftliche Wellentheorie (Trochoidentheorie), (vgl. 1510 und 1781) . .	*Gerstner*
	Örtliche Variation d. erdmagnetischen Elemente	*Humboldt*
	Wärmestrahlung verschiedener Körper . . .	*Leslie*
	Zentrifugalpendel für genaue Zeitbestimmungen	*Pfaff*
	Begründung der Lehre von den Kräftepaaren und von der Drehung der Körper	*Poinsot*
	Berechnung der Schwerpunkte vieler Gebilde	*Poinsot*
	Interferenzstreifen längs Brennlinien	*Young*
1805	Galvanoplastische Vergoldung einer Silbermedaille	*Brugnatelli*
	Erste Theorie der elektrolytischen Dissoziation	*Grotthus*
f.	Volumenverhältnisse bei der chemischen Verbindung von Gasen	*Gay-Lussac* u. *Humboldt*
	Laplacesche Theorie der Kapillarität	*Laplace*
	Extinktion des Lichts in der Atmosphäre . .	*Laplace*
	Beobachtungen über Osmose von Flüssigkeiten	*Parrot*
	Bestimmung des Dichtemaximums des Wassers (vgl. 1772)	*Rumford*
	Erste Beobachtung des Trevellyan-Effekts . .	*Schwarz*
	Theorie der Oberflächenspannung (vgl. 1751)	*Young*
1806	Erste trockne Säule	*Behrens*
	Gesetz der ungestörten Durchdringung der Gase	*Dalton*
	Gesetz der Temperaturabnahme mit der Höhe	*Humboldt*
	Réalsche Extraktpresse	*Réal*
1807	Diffusion der Gase ohne äußere Kräfte . . .	*Berthollet*
	Erweitertes Gesetz der multiplen Proportionen	*Dalton*
	Erstes achromatisches Mikroskopobjektiv . .	*van Deyl*
	Erstes praktisches Dampfschiff (vgl. 1707) .	*Foulton*
	Fouriersches Prinzip als Erweiterung des Prinzips der virtuellen Verrückungen . .	*Fourier*
	Moderner Theodolit (vgl. 1735)	*Reichenbach*
	Erste Beobachtung der elektrischen Endosmose	*Reuss*
	Einführung des Wortes „Energie" (vgl. 1785)	*Young*

1807	Dreifarbentheorie des Sehens	*Young*
	Einführung des Elastizitätskoeffizienten für Längszug (jetzt Dehnungsmodul genannt) .	*Young*
	Wärme- und Lichtstrahlen unterscheiden sich lediglich durch die Wellenlänge.	*Young*
1808 f.	Nachweis der Identität der Voltaschen und der Reibungselektrizität . . . . . ·. . . .	*Versch. Autoren*
	Begründung der modernen chemischen Atomistik	*Dalton*
	Kompensationspendel mit Zink und Holz (vgl. 1715)	*Kater*
	Neuentdeckung der Polarisation des Lichts und Aufstellung ihres Gesetzes (vgl. 1688) . .	*Malus*
	Beweis des Satzes vom senkrecht bleibenden Strahlenbüschel in speziellen Fällen . . .	*Malus*
1809	Erster richtiger Wert für die Schallgeschwindigkeit (vgl. 1738)	*Benzenberg*
	Entdeckung des Dichroismus	*Cordier*
	Streifen dünner Blättchen nahe der Grenze der Totalreflexion (Herschelsche Streifen) . .	*W. Herschel*
	Grundlegende Abhandlung zur Potentialtheorie	*Ivory*
	Theorie der Bewegungen durch kapillare Kräfte	*Laplace*
	Elektrolytischer Telegraph mit 35 Drähten .	*Sömmering*
	Reflexions-Goniometer (vgl. 1780)	*Wollaston*
	Camera lucida oder Zeichenapparat	*Wollaston*
1810	Erste exakte Theorie der Luftspiegelung . .	*Biot*
	Koinzidenzmethode für Pendelbeobachtungen	*Borda*
	Erfindung der Reitergewichte	*Gahn*
	Farbenlehre	*Goethe*
	Orgel mit frei schwingenden Zungen (Harmonium).	*Greniè*
	Änderung des thermischen Ausdehnungskoeffizienten fester Körper mit der Temperatur .	*Hällström*
	Besondere Erscheinungen bei der Doppelbrechung	*Malus*
	Photochemische Entstehung von Farben durch farbige Beleuchtung (Farbenphotographie) .	*Seebeck*
1811	Drehung der Polarisationsebene des Lichts im Quarz	*Arago*
	Avogadrosches Gesetz	*Avogadro*
	Reversionspendel	*Bohnenberger*
	Allgemeine Aufstellung und Diskussion der trigonometrischen Reihenentwicklung von Funktionen (vgl. 1777)	*Fourier*
	Methode zur Bestimmung der Dampfdichte .	*Gay-Lussac*
f.	Grundlegende Arbeiten über Phosphoreszenz (?)	*Heinrich*

1811	Allgemeiner Flächensatz (vgl. 1746)	*Lagrange*
	Theorie der Verteilung der Elektrizität auf zwei Kugeln	*Poisson*
	Faden-Distanzmesser	*Reichenbach*
	Erste systematische Untersuchung des elektrischen Potentials der Erde	*Schübler*
1812	Interferenzerscheinungen des polarisierten Lichts an Kristallplatten	*Arago*
	Polarisation der Wärmestrahlen	*Bérard*
	Interferenzerscheinungen an planparallelen. Platten	*Biot*
	Kinetische Theorie der Wärme (vgl. 1620 und 1738)	*Davy* und *Rumford*
	Elektrische Repulsionstheorie der Kometen .	*Olbers*
	Poissonsche Gleichung (Verallgemeinerung der Laplaceschen, vgl. 1782)	*Poisson*
	Trallessches Volumen-Alkoholometer	*Tralles*
	Erstes einigermaßen brauchbares photographisches Objektiv (Meniskus)	*Wollaston*
1813	Polarisation des gebeugten Lichts	*Arago*
	Planares und reziprokes Trägheitsellipsoid .	*Binet*
	Interferenzerscheinungen an Kristallen im konvergenten Lichte (vgl. 1812)	*Brewster*
	Trennung der Kristalle in optisch ein- und zweiachsige	*Brewster*
	Davyscher Lichtbogen	*Davy*
	Diffusion von Gasen durch feste Körper . .	*Faraday*
	Fraunhofersche Lupe	*Fraunhofer*
	Erste Abhandlung zur Potentialtheorie . . .	*Gauss*
	Lesliescher Würfel für strahlende Wärme . .	*Leslie*
	Gefrieren des Wassers unter der Luftpumpe .	*Leslie*
	Taktmesser oder Metronom	*Mälzel*
	Begründung der messenden Kristallographie .	*Weiss*
	Zambonische Trockensäule (Vorläufer Ritter 1802, vgl. auch 1806)	*Zamboni*
1814	Entdeckung des Jods und des Jodsilbers . .	*Davy*
	Konstruktion der Gleichgewichtslagen eines schwimmenden Körpers	*Dupin*
	Verschiedene Verteilung der Dispersion bei verschiedenen Gläsern (vgl. 1770) . . .	*Fraunhofer*
	Fortschritte in der Herstellung optischen Glases	*Guinand* und *Fraunhofer*
	Linearplanimeter	*Hermann*
	Erste Molekulartheorie der Elastizität . . .	*Poisson*
	Absorption der Gase durch feste Körper . .	*Saussure*

1814	Theorie der Interferenzerscheinungen bei Kristallen (vgl. 1812 und 1813)	Young
1815	Turmalin läßt nur den außerordentlichen Strahl hindurch	Biot
	Terpentinöl als erste, die Polarisationsebene drehende Flüssigkeit	Biot
	Beim Polarisationswinkel steht der gebrochene Strahl auf dem reflektierten senkrecht . .	Brewster
	Doppelbrechung durch mechanische Spannung	Brewster
	Elliptische Polarisation bei der Reflexion an Metallen . . . . ·	Brewster
	Vervollkommnung des astronomischen Fernrohrs	Fraunhofer
	Nebenstreifen bei Newtonschen Gläsern . .	Knox
f.	Theorie der Interferenz, insbesondere der Farben dünner Blättchen	Fresnel
	Erbohrung des ersten abessynischen Brunnens	Niggi
1816	Nachweis der exponentiellen Abnahme der Temperatur in einem einseitig erwärmten Stabe	Biot
	Formel für die Verteilung des Magnetismus in einem Stabe	Biot
	Elektrisches Rouleau	Biot
	Konstruktion des Gasometers (vgl. 1787) . .	Dulong u. Petit
	Fresnelscher Spiegelversuch	Fresnel
	Interferenz des polarisierten Lichts	Fresnel u. Arago
	Grundlegende Untersuchungen über den Magnetismus der Erde	Hansteen
	Einführung der Isothermen in die Meteorologie und Herausgabe der ersten Karten .	Humboldt
	Richtige Formel für die Schallgeschwindigkeit (vgl. 1686)	Laplace
	Erste dauerhafte und druckfähige photographische Platten	Nièpce
	Erste wirkliche Ausführung eines Elektrophors	Volta
1817	Verschwinden der Newtonschen Ringe bei gleicher Beleuchtung von beiden Seiten . .	Arago
	Kreiselapparat mit drei Ringen	Bohnenberger
	Interferenzen bei schwach geneigten Platten sowie bei Kombination zweier Platten . .	Brewster
	Kaleidoskop	Brewster
	Beobachtung des Pleochroismus (vgl. 1809) .	Brewster
	Ätzfiguren auf Kristallen (auf Meteoreisen schon 1509 von *Widmannstetter*)	Daniell
	Allgemeiner Beweis des Malusschen Satzes (vgl. 1808)	Dupin

1820	Ablenkung der Magnetnadel durch den elektrischen Strom	Oersted
	Theorie d. Wellenausbreitung in festen Körpern	Poisson
	Konstruktion d. Multiplikators (Galvanometer)	Schweigger und Poggendorff

1821	Begründung der Elektrodynamik durch die Ampèreschen Versuche uud die Ampèresche Gesetz	Ampère
	Feststelluug der magnetelektrischen Wirkung	Ampère
	Astatisches Nadelpaar	Ampère
	Erste Versuche über magnetische Leitfähigkeit	Cumming
	Erste Bestimmuug von Leitfähigkeiten von Metallen für den elektrischen Strom . . .	Davy
	Ablenkung des Lichtbogens im Magnetfelde .	Davy
	Elektromagnetische Rotation	Faraday
	Beobachtungen an optisch zweiachsigen Kristallen (Topas)	Fresnel
	Theorie d. Transversalschwingungen d. Äthers	Fresnel
	Grundformel für die Lichtgeschwindigkeiten in den verschiedenen Richtungen eines Kristalls	Fresnel
	Zonenlinsen für Leuchttürme	Fresnel
	Theorie der Biegung einer Platte (verfehlt) .	Sophie Germain
	Astasierung der Galvanometernadel durch einen festen Richtmagneten (vgl. 1820) . .	Hauy
	Elektromagnetisches Elementargesetz (vgl. 1820)	Laplace
	Grundgleichungen der Elastizitätstheorie . .	Navier
	Pronyscher Zaum (Bremsdynamometer) . . .	Prony
	Moderne Form der Brückenwage	Quintenz
	Entdeckung der thermoelektrischen Ströme .	Seebeck
1822	Bestimmuug der Schallgeschwindigkeit durch die Pariser Kommission (vgl. 1809) . . .	—
	Elektrodynamische Theorie des Magnetismus	Ampère
	Erste Idee des kritischen Zustandes	Cagniard de la Tour
	Einführung des Begriffs „Dimension". . . .	Fourier
	Fraunhofersche Beugungserscheinungen . . .	Fraunhofer
	Piezometer zur Messung der Kompressibilität der Flüssigkeiten	Oerstedt
1823	Barlowsches Rad (magnetelektrischer Rotationsapparat)	Barlow
	Erster Versuch über magnetische Schirmwirkung	Barlow
	Rotation von Flüssigkeiten um Magnete . .	Davy

1823	Verflüssigung des Chlors als des ersten sog. permanenten Gases	*Davy* u. *Faraday*
	Erste exakte Messung der Verdampfungswärme des Wassers	*Despretz*
	Diffusion des Wasserstoffs durch Poren und Sprünge fester Körper	*Döbereiner*
	Fresnelsche Beugungserscheinungen (vgl. 1822)	*Fresnel*
	Theorie der astronomischen Refraktion nach der Temperaturdichte-Hypothese	*Ivory*
	Neues Volumenometer	*Leslie*
	Bestimmung der Schallgeschwindigkeit . . .	*Moll* u. *van Beek*
1824	Magnetische Dämpfung durch induzierte Ströme	*Arago*
	Entdeckung des Rotationsmagnetismus . . .	*Arago*
	Elektrizität der Flamme	*A. Becquerel*
	Carnotscher Kreisprozeß und Verhältnis des Wärmegefälles zur Arbeit	*Carnot*
	Carnotsches Prinzip des Temperaturniveaus .	*Carnot*
	Verbessertes Mikroskopobjektiv	*Chevalier*
	Deformation durch elektromagnetische Wechselwirkung	*Cumming*
	Döbereinersches Feuerzeug (Glühen von Platin durch einen Wasserstoffstrom)	*Döbereiner*
	Einführung der charakteristischen Funktion in die Theorie der optischen Abbildung . .	*Hamilton*
	Thermische Ausdehnung der Kristalle in verschiedenen Richtungen	*Mitscherlich*
	Neue Molekulartheorie d. Elastizität (vgl. 1814)	*Navier*
	Übernahme der Annalen der Physik (vgl. 1798)	*Poggendorff*
	Theorie des Magnetismus	*Poisson*
	Satz von d. magnetischen Oberflächenbelegung	*Poisson*
	Scheidungshypothese des Magnetismus in wissenschaftlicher Form (vgl. 1766)	*Poisson*
	Erste Theorie der magnetischen Induktion .	*Poisson*
1825	Erste anastigmatische Brille	*Airy*
	Psychrometer	*August*
	Eichung und Kalibrierung der Thermometer .	*Bessel* und *Neumann*
	Erklärung d. Interferenzen rotierender Stimmgabeln.	*Chladni*
	Erklärung der Höfe um Sonne und Mond durch Beugung	*Fraunhofer*
	Messung der Sonnenstrahlung am Kap der Guten Hoffnung	*Herschel*
	Erhöhung des Magnetismus durch Erwärmung	*Kupffer*
	Mohssche Härteskala mit 10 Stufen (vgl. 1787)	*Mohs*
	Abhängigkeit der relativen Helligkeit zweier Farben von der Stärke der Beleuchtung .	*Purkinje*

1825	Theorie des Brummkreisels	*N. Savart*
	Ausmessung der Knoten und Töne tönender Platten	*Strehlke*
	Erste Personenbeförderungs-Lokomotive . .	*Stephenson*
	Psychophysisches Grund(Differential-)Gesetz .	*W. Weber*
	Systematische Experimente zur Lehre von den Wasserwellen	*W. u. E. H. Weber*
1826	Entdeckung des Bromsilbers und seiner Lichtempfindlichkeit	*Balard*
	Abhängigkeit der thermoelektrischen Kraft von der Temperatur	*A. Becquerel*
	Idee des Differentialgalvanometers	*A. Becquerel*
	Theorie des Sekundenpendels und Messungen dazu	*Bessel*
	Drummondsches Kalklicht	*Drummond*
	Begründung der Lehre von der Osmose und Einführung des Namens „Endosmose" . .	*Dutrochet*
	Interferenzversuch mit dem Biprisma	*Fresnel*
	Spiegelablesung zu Winkelmessungen . .	*Poggendorff*
	Erste funktionsfähige Schiffsschraube . . .	*Ressel*
	Beobachtung von Membranschwingungen und ihre Gesetze	*Savart*
	Untersuchungen ü. Brennflächen u. Brennlinien	*Timmermans*
1827	Theorie der astigmatischen Brechung	*Airy*
	Tangentenbedingung für orthoskopische (verzeichnungsfreie) Abbildung	*Airy*
	Idee, den Kreisel zur Demonstration der Achsendrehung der Erde zu benutzen	*Atkinson*
	Neubeobachtung der diamagnetischen Wirkung (vgl. 1778)	*A. Becquerel*
	Brownsche Molekularbewegung	*Brown*
	Methode zur Messung der Elastizitätszahl . .	*Cagniard de la Tour*
	Ein Flüssigkeitsteilchen, das einmal nicht rotiert, rotiert niemals	*Cauchy*
	Messung d. Kompressibilität d. Flüssigkeiten	*Colladon und Sturm*
	Bestimmung d. Schallgeschwindigkeit im Wasser	*Colladon und Sturm*
	Erste eingehende Feststellung d. Abweichungen vom Boyleschen Gesetze	*Despretz*
	Methode zur Bestimmung der Dampfdichte .	*Dumas*
	Erste rationelle Turbine	*Fourneyron*
	Nobilische Ringe	*Nobili*
	Ohmsches Gesetz für den elektrischen Strom .	*Ohm*
	Verschwinden des Magnetismus bei Weißglut	*Scoresby*
	Kaleidophon	*Wheatstone*

1828	Unterscheidung zwischen Linien-, Flächen- und Kugelblitzen	Arago
	Coriolissche Kraft (zusammengesetzte zentri- fugale Beschleunigung)	Coriolis
	Wärmeleitungsfähigkeit fester Körper	Despretz
	Gaussische Kapillartheorie (vgl. 1805)	Gauss
	Prinzip des kleinsten Zwanges (Gaussisches Prinzip)	Gauss
	Begründung d. Lehre von d. Quellen u. Senken	Green
	Formel für den Magnetismus eines Stabes	Green
	Einführung der Kräftefunktion in die mathe- matische Physik	Green
	Greenscher Satz und Greensche Funktion	Green
	Theorie stehender Wasserwellen	Merian
	Nicolsches Prisma für Polarisationsarbeiten	Nicol
	Kontaktelektrizität zwischen Flüssigkeiten	Nobili
	Stromwender oder Wippe	Pohl
	Verbesserte Molekulartheorie der Elastizität (vgl. 1814 und 1824)	Poisson
	Das Kilogrammmeter als Arbeitseinheit	Poncelet
1829	Strengere Elastizitätstheorie des Lichts (vgl. 1821)	Cauchy
	Dispersionsformel	Cauchy
	Vollständiger Beweis der Fourierschen Reihen- darstellung (vgl. 1811)	Dirichlet
	Gesetze der Endosmose der Gase	Graham
	Nachweis, daß es nur 32 Symmetrieklassen der Kristalle geben kann	Hessel
	Theorie der Querschwingungen gerader Stäbe	Poisson
	Theorie der Biegung einer Platte	Poisson
	Theorie der Schwingungen einer rechteckigen Membran	Poisson
	Torsionsversuche	Savart
	Trevellyaneffekt und seine Mannigfaltigkeiten (vgl. 1805)	Trevellyan
	Erste Idee der graphischen Aufzeichnung von Schallschwingungen	W. Weber
1830	Wasserbarometer	Daniell
	Einstellung eines geschlossenen Stromes im Magnetfelde	Gauss
	Methode der Dialyse zur Trennung der Kol- loide von den Kristalloiden	Graham
	Aplanatisches Mikroskopobjektiv	Lister
	Erweiterte Raumlehre und Geometrie	Lobatschewski
	Federmanometer	Morin
	Thermosäule und Thermomultiplikator	Nobili
	Vervollkommnete Zahnsirene (vgl. 1799)	Savart

| 1830 | Hinweis auf die Leistungsfähigkeit der optischen Analyse z. Entdeckung kleiner Stoffmengen | Talbot |
| 1831 | Erste Influenzmaschine . . . . | Belli |

1831	Entdeckung der Induktionsströme	Faraday
	Unipolare Induktion	Faraday
	Experimente über Kräuselwellen	Faraday
	Doppelbrechung im Quarz in Richtung der optischen Achse	Fresnel
	Methode zur Bestimmung der Intensität des Erdmagnetismus und Stabmagnetismus . .	Gauss
	Horizontalpendel zur Beobachtung feiner Schwankungen	Hengler
f.	Untersuchungen über strahlende Wärme . .	Melloni
	Die Molekularwärme chemisch ähnlicher Stoffe ist annähernd gleich	F. Neumann
	Theorie der Kapillarität vgl. (1805 und 1828)	Poisson
	Darstellung der Zähigkeit durch die abnehmende elastische Kraft	Poisson
	Versuche über die Fallabweichung (vgl. 1804)	Reich
	Feststellung der Oktave im Stimmgabelklange	Roeber
	Entdeckung des magnetischen Nordpols . .	Ross
1832	Abnormitäten an Newtonschen Ringen im polarisierten Lichte.	Airy
	Erster Gleichrichter für elektrischen Strom .	Ampère
	Erster Ansatz zur Theorie der Wärmeleitung in Kristallen	Duhamel
	Induktion in körperlichen Leitern	Faraday
	Unifilares Magnetometer.	Gauss
	Zurückführung der magnetischen Größen auf absolutes Maß	Gauss
	Verhältnis der magnetischen Wirkungen in den beiden Hauptlagen (Beweis d. Grundgesetzes)	Gauss
	Theorie des Gleichgewichts der Flüssigkeiten	Green
	Erste Beobachtung der akustischen Anziehung und Abstoßung	Guyot
	Erste richtige Formel für Kombinationstöne (vgl. 1819)	Hällström
	Theoretische Forderung d. konischen Refraktion	Hamilton
	Einführung der bifilaren Aufhängung . . .	Harris
	Erste magnetelektrische Maschine	Pixii und Dal Negro
	Bewegung einer Kugel in einer Flüssigkeit .	Poisson

1832	Rechts- und Linksablenkungen der Nadel als Grundsignale für die Telegraphie	*Schilling*
	Schallleitung von einem Klavier durch eine lange Holzstange in andere Räume . . .	*Wheatstone*
	Woltmannscher Flügel zur Messung der Geschwindigkeit von Flüssigkeiten	*Woltmann*
1833	Mathematische Theorie und graphische Darstellung d. Thermodynamik u. ihrer Gesetze	*Clapeyron*
f.	Untersuchungen über Elektrolyse, insbesondere das elektrolytische Grundgesetz	*Faraday*
	Einführung d. Begriffe Ion, Anion, Kation usw.	*Faraday*
	Begründung der modernen Lehre vom Erdmagnetismus	*Gauss*
	Galvanometer mit Spiegelablesung	*Gauss u. Weber*
	Telegraphische Verbindung zwischen d. Sternwarte u. dem physikal. Institut in Göttingen	*Gauss u. Weber*
	Versuche über die Ausströmung der Gase . .	*Graham*
	Diffusion der Gase durch feste Körper (vgl. 1813)	*Graham*
	Theorie der Bewegung eines Ellipsoids in einer Flüssigkeit	*Green*
	Erfindung des Aktinometers	*J. Herschel*
	Paradoxe Gesetze des Sanddrucks	*Hagen*
	Beobachtungen über die Längenkorrektion offener Pfeifen	*Hopkins*
	Beobachtung der konischen Refraktion (vgl. 1832)	*Lloyd*
	Untersuchungen ü. rollende u. gleitende Reibung	*Morin*
	Neuer Polarisationsapparat	*Nörremberg*
	Elektromagnetischer Rotationsapparat . . .	*Ritchie*
	Formen freier Flüssigkeitsstrahlen, auch beim Aufprallen auf feste Körper	*Savart*
	Schwebungsmethode z. Bestimmung d. Tonhöhe	*Scheibler*
	Sklerometer zur Bestimmung der Ritzhärte .	*Seebeck*
	Berechnung und Beobachtung der Tonhöhe und der Knotenpunkte von Stäben . . .	*Strehlke*
	Superpositionstheorie der Chladnischen Klangfiguren	*Wheatstone*
1834	Fraunhofersche Beugungserscheinungen bei kreisförmiger Öffnung (vgl. 1822)	*Airy*
	Lichtabsorption farbiger Stoffe	*Brewster*
	Beobachtung der Ausflußtöne des Wassers .	*Cagniard Latour*
	Wahrscheinliche Bildung von Wasserstoffsuperoxyd bei der Elektrolyse des Wassers	*Faraday*
	Wasservolumeter	*Faraday*
	Hamiltonsches Prinzip	*Hamilton*

1834	Jacobisches (dreiachsiges) Ellipsoid als mögliche Gleichgewichtsfigur rotierender, gravitierender Flüssigkeit (vgl. 1742)	*Jacobi*
	Lenzsche Regel f. d. Richtung induzierter Ströme	*Lenz*
	Theorie der Interferenz des polarisierten Lichts in Kristallen	*F. Neumann*
	Astatisches Nadelpaar für Galvanometer (vgl. 1821)	*Nobili*
	Peltiereffekt (Erwärmung der Lötstelle bei Stromdurchgang), Vorläufer *Children* 1815	*Peltier*
	Stroboskopische Beobachtungsmethode	*Plateau* und *Stampfer*
	Einführung der Polhodie und Herpolhodie .	*Poinsot*
	Abschluß der Theorie der Drehung der Körper	*Poinsot*
f.	Untersuchungen über Reibungselektrizität . .	*Riess*
	Vergeblicher Vorschlag eines einheitlichen Kammertons	*Scheibler*
	Gesetz der Wirkung periodischer Lichtreize .	*Talbot*
	Kompressionspumpe	*Thilorier*
	Anscheinend erste wissenschaftliche Feststellung von elastischer Nachwirkung . .	*Vicat*
	Methode des rotierenden Spiegels und Messung der Geschwindigkeit des elektrischen Stroms	*Wheatstone*
	Messung der Dauer des Blitzes	*Wheatstone*
1835	Ausgestaltung der elektrischen Repulsionstheorie der Kometen (*Olbers* 1812) . . .	*Bessel*
	Erste Theorie des Billardspiels	*Coriolis*
	Drehungsgesetz der Winde	*Dove*
	Entdeckung des Extrastroms (Selbstinduktion)	*Faraday*
f.	Untersuchungen über Kohäsion u. Kapillarität	*Frankenheim*
	Bifilarmagnetometer und Theorie der bifilaren Aufhängung (*Harris* 1832)	*Gauss*
	Gesetze der Schwingungen der Stimmbänder	*Joh. Müller*
	Erste Beobachtung der Kohärerwirkung . .	*Munk af Rosenschöld*
	Elastizitätstheorie des Lichts, auf Grund verschiedener Elastizität des Äthers (vgl. 1821 und 1829)	*F. Neumann*
	Theorie der Reflexion des Lichts an Kristallen	*F. Neumann*
	Einführung der Achsenfläche in d. Kristalloptik	*Plücker*
	Elektrodynamische Spirale	*Roget*
	Berechnung und Darstellung zahlreicher Fraunhoferscher Beugungserscheinungen	*Schwerd*
	Beobachtung der elastischen Nachwirkung (vgl. 1834)	*Weber*
	Jedes Metall hat ein besonderes Funkenspektrum	*Wheatstone*

3*

	Einführung der Bildermethode	*Stokes*
f.	Untersuchungen über Elastizität	*Wertheim*
f.	Experimentelle Untersuchungen über Torsion	*G. Wiedemann*
1843	Helle und dunkle Schichten zwischen Anoden- und Kathodenlicht	*Abria*
	Messung der Jouleschen Wärme	*E. Becquerel*
	Photogramme d. ultraroten Strahlen (vgl. 1842)	*Becquerel* und *Draper*
	Dioptrisches Stereoskop (vgl. 1838)	*Brewster*
	Fettfleckphotometer (vgl. 1794)	*Bunsen*
	Clapeyronsches Theorem der Thermodynamik	*Clapeyron*
	Versuche und Ideen über das Wärmeäquivalent	*Colding*
	Einwirkung d. Lichts auf Chlor u. Wasserstoff	*Draper*
	Theorie der erzwungenen Fadenschwingungen	*Duhamel*
	Erfindung der Goldtönung der Photogramme	*Fixeau*
	Galvanische Erwärmung und Wärmeäquivalent (vgl. 1842 *Mayer*)	*Joule*
	Messung der Magnetisierungswärme	*Joule*
	Fernwirkung dreier Magnete aufeinander . .	*Lloyd*
	Idee des Hodographen	*Möbius*
	Zurückführung des Klanges der Töne auf die relative Intensität der Partialtöne	*Ohm*
	Dioptrische Untersuchungen, insbesondere Bedingungen für ebene und anastigmatische Abbildung	*Petzval*
f.	Plateausche Figuren und andere Studien über Kapillarität	*Plateau*
f.	Arbeiten über galvanische Polarisation . . .	*Poggendorff*
	Biegung und Drillung einer Spiralfeder . . .	*Saint-Venant*
	Theorie der Biegung eines Kreises	*Saint-Venant*
	Behauptung, das Ohr empfinde jede Periodik als besonders gearteten Ton (vgl. *Ohm* 1843)	*Seebeck*
	Verbesserte magnetelektrische Maschine . .	*Stöhrer*
	Theorie der Bewegung fester Körper in Flüssigkeiten	*Stokes*
	Erklärung der Moserschen Bilder durch die anhaftenden Luftschichten (vgl. 1842) . .	*Waidele*
1844	Dubosqsche elektrische Lampe	*Foucault* und *Dubosq*
	Beziehung der spezifischen Wärme einer Verbindung zu der ihrer Bestandteile	*Joule*
	Haidingersche Büschel und Polarisation des Himmelslicht	*Haidinger*
	Genaue Messung der Jouleschen Wärme (Joule-Lenzsches Gesetz)	*Lenz*
	Messung der Spannkraft des Wasserdampfes	*Magnus*
	Kompressionspumpe u. Verflüssigung v. Gasen	*Natterer*

1849	Bestimmung der Lichtgeschwindigkeit im Zimmer mit Hilfe des Zahnrades	*Fixeau*
	Beziehung der dunklen und hellen Spektrallinien und ihre Umkehrung	*Foucault*
	Haidingersche Streifen am Glimmer	*Haidinger*
	Grundlegende Untersuchung ü. Hydrodynamik	*Kelvin (W. Thomson)*
	Einführung der Begriffe Solenoid, Faden, Schale in die Lehre vom Magnetismus	*Kelvin*
	Grundgesetz der stationären elektr. Strömung	*Kirchhoff*
	Reisetheodolit für magnetische Zwecke . . .	*Lamont*
	Erste magnetische Landesaufnahme usw. . .	*Lamont*
	Phasenverschiebung bei Induktionsströmen .	*Lenz*
	Erstes System telegraphischer Sturmwarnungen	*Loomis*
	Erscheinungen und Gesetze des galvanischen Glühens	*J. Müller*
	Untersuchungen ü. atmosphärische Elektrizität	*Palmieri*
	Dynamische Theorie der Beugung	*Stokes*
	Wellenausbreitung in festen Körpern . . .	*Stokes*
	Satz von der Größenordnung der Koeffizienten der Fourierschen Reihe	*Stokes*
	Erniedrigung des Erstarrungspunktes des Wassers durch Druck	*James Thomson*
	Methode zur Bestimmung der Elastizitätszahl und Zahlenwerte für sie	*Wertheim*
1850	Nachweis, daß der Diamagnetismus nur scheinbar, nämlich differentiell gegen Luft ist .	*E. Becquerel*
	Federmanometer	*Bourdon*
	Bunsenbrenner mit Luftzutritt u. Absperrung	*Bunsen*
	Theorie d. Polarisationsanomalien bei Reflexion und Brechung (Mitwirkung longitudinalen Lichts)	*Cauchy*

1850	Zweiter Hauptsatz der Thermodynamik (vgl. 1824 *Carnot*)	*Clausius*
	Einführung der spezifischen Wärme des gesättigten Dampfes und Nachweis, daß sie meist negativ ist	*Clausius*
f.	Absorptionsvermögen für Wärme	*Desains*
	Regelation des Eises	*Faraday*
	Proportionalität der thermischen und elektrischen Leitfähigkeit der Metalle	*Forbes*
	Beobachtung der Rotationstöne	*Foucault*

1856	Bewegung der Gletscher und Natur des Eises	*Tyndall*
	Erste Messung der Äquivalentladung des Ions	
	u. des Verhältnisses der beiden Maßsysteme	*Weber* u. *R. Kohlrausch*
	Erfindung der Dunkelfeldbeleuchtung für das Mikroskop	*Wenham*
	Erkenntnis der Bedeutung stehender Lichtwellen für die Farbenphotographie. . . .	*Zenker*
1857	Exakte Definition des Absorptionskoeffizienten	*Bunsen*
	Messung zahlreicher Absorptionskoeffizienten	*Bunsen*
	Bestimmung der Schmelzpunktänderung durch Druck für Walrat und Paraffin	*Bunsen*
	Diffusion der Gase durch feste Körper (Diffusiometer)	*Bunsen*
f.	Ausströmungsgesetz der Gase.	*Bunsen*
	Photochemische Untersuchungen	*Bunsen* und *Roscoe*
	Untersuchungen über Brennflächen	*Cayley*
	Grundlegung der kinetischen Gastheorie (vgl. 1856 *Krönig*)	*Clausius*
	Existenz freier Ionen auch ohne Stromdurchgang	*Clausius*
	Verhältnis der fortschreitenden zur ganzen Molekularenergie und Verhältnis der spezifischen Wärmen	*Clausius*
	Einführung des Hamiltonschen Prinzips in die Hydrodynamik	*Clebsch*
	Gesetze der innern Reibung der Flüssigkeiten	*Darcy*
	Quecksilber-Luftpumpe (Vorläufer *Svedenborg* 1722)	*Geissler*
	Aplanatische Linse für Photographie (*Petzval* 1840)	*Grubb*
	Nachweis der Brechung des Schalls . . .	*Hajech*
	Telestereoskop	*Helmholtz*
	Vokaltheorie und Versuche zur Synthese . .	*Helmholtz*
	Theorie der Konsonanz und Dissonanz . . .	*Helmholtz*
f.	Valenztheorie und Strukturchemie	*Kekulé*
	Theorie d. Bewegung d. Elektrizität in Drähten mit Rücksicht auf Ladung und Induktion	*Kirchhoff*
	Magnetische Induktion in einem Ellipsoid . .	*Lipschitz*
	Gewisse Zylinder als mögliche Gleichgewichtsfiguren rotierender gravitierender Flüssigkeiten	*Matthiessen*
	Theorie und graphische Darstellung des elastischen Stoßes von Zylindern	*F. Neumann*
	Genaue Messung der Stromwärme	*Quintus Icilius*
	Neue Theorie des Erddrucks (*Coulomb* 1773)	*Rankine*

1858	Allgemeine Gesetze der optischen Instrumente (vgl. 1851 *Möbius*)	*Maxwell*
	Demonstrationsversuch f. d. Herabdrückung d. Erstarrungspunktes d. Wassers durch Druck	*Mousson*
	Thermische Ausdehnung der Kristalle . . .	*Pfaff*
	Erste Beobachtung der Kathodenstrahlen und ihrer magnetischen Ablenkung	*Plücker*
	Isolierung der Gaslinien im Spektrum durch Einschluß in Röhren unter kleinem Druck	*Plücker*
	Magnetische Wirkung auf das elektrische Licht	*de la Rive*
	Gleichheit der Wärmeemission und Absorption aller Körper unter gleichen Umständen . .	*B. Stewart*
	Konstruktion des an einer Kugel gebrochenen Strahls	*Weierstrass*
	Beobachtungen ü. elastische Nachwirkung usw.	*G. Wiedemann*
	Versuche über Torsion und Magnetismus in ihren gegenseitigen Beziehungen	*G. Wiedemann*
1859	Einführung des Kammertons 435 (870) in Frankreich	—
	Untersuchungen über Phosphorenz, insbesondere Phosphoroskop	*E. Becquerel*
	Elektrisches Nachleuchten der Gase	*E. Becquerel*
	Transformation der hydrodynamischen Gleichungen (vgl. 1788)	*Clebsch*
	Benutzung des Blitzlichts für die Photographie	*Crookes*
	Elektrisches Verhalten der Flammen	*Hankel*
	Theorie der Luftschwingungen in offenen Pfeifen, insbesondere die Längenkorrektion	*Helmholtz*
	Theorie der kubischen Pfeifen	*Helmholtz*
	Reziprozitätsgesetz für schwingende Systeme .	*Helmholtz*

1859	Strahlungsgesetz und Einführung des absolut schwarzen Körpers (vgl. 1858 *Stewart*) . .	*Kirchhoff*
f.	Begründung der Spektralanalyse (vgl. 1849 *Foucault*)	*Kirchhoff* und *Bunsen*
	Messung der Elastizitätszahl durch gleichzeitige Biegung und Drillung	*Kirchhoff*
	Untersuchungen über den Verlauf eines Strahlenbüschels	*Kummer*
	Akustische Beobachtungsapparate verschiedener Art	*Lissajous*
	Untersuchungen über Fadenschwingungen . .	*Melde*

1860 Beziehung zwischen Entladungspotential und Funkenlänge	*Kelvin*
Feste Körper haben kontinuierliches, Gase diskontinuierliches Spektrum	*Kirchhoff* und *Bunsen*
Entdeckung von Rubidium und Cäsium durch Spektralanalyse	*Kirchhoff* und *Bunsen*
Theorie der Polarisationsanomalien auf Grund besonderer Oberflächenschichten (vgl. 1850 *Jamin*)	*L. Lorenz*
Dopplereffekt bei der Rotation um eine Achse	*Mach*
Nachweis der Wärmeleitnug der Gase . . .	*Magnus*
f. Elektrisches Leitvermögen der Metalle und Legierungen, und sein Temperaturkoeffizient	*A.Matthiessen*
Maxwellsches Gesetz der Verteilung der Geschwindigkeiten unter die Molekeln . .	*Maxwell*
Theoretische Beziehung zwischen Brechungsquotient und Dielektrizitätskonstante . . .	*Maxwell*
f. Kinetische Theorie d. inneren Reibung, Wärmeleitung und Diffusion	*Maxwell*
Neue Formel für die mittlere Weglänge (vgl. 1858 *Clausius*)	*Maxwell*
Unabhängigkeit der Zähigkeit der Gase vom Druck	*Maxwell*
Kapillarkonstanten organischer Flüssigkeiten	*Mendelejew*
Reihenentwicklung für das Biegungsproblem der Stäbe	*F. Neumann*
Ringanker mit geschlossener Wickelung . .	*Pacinotti*
Nodoid, Katenoid, Unduloid als kapillare Gleichgewichtsfiguren (vgl. 1843) . . .	*Plateau*
Telephon, auf Magnetostriktion beruhend . .	*Reis*
Beziehung der elektrischen Staubfiguren zur Büschelentladung	*Reitlinger*
Versuche über Wirbel in Flüssigkeiten (vgl. 1857 *Vettin*)	*Reusch*
f. Weitere Arbeit über Fluoreszenz (1852) . .	*Stokes*
Magnetischwerden eines Drahtes bei Torsion und umgekehrt	*G. Wiedemann*
Woodsches Metall	*Wood*
1861 Oberflächen gleichen Gangunterschiedes bei Kristallen	*Bertin*
Optische Methode zur Messung der Dicke einer Silberschicht	*Fizeau*
Diffusion von Salzgemischen	*Graham*
Gegensatz zwischen Kolloiden und Kristalloiden	*Graham*

1866	Drehung der Polarisationsebene der strahlenden Wärme	*Desains*
	Gasretortenkohle für Bogenlicht	*Foucault*
	Neue Tangentenbussole (vgl. *Gaugain* 1853) .	*Helmholtz*
	Zusammenfassung der Arbeiten über Dynamik	*Jacobi*
	Schallgeschwindigkeit in festen Körpern (vgl. 1858 *Masson*)	*Kundt*
	Beobachtungen und Theorie empfindlicher Flammen in Röhren	*Kundt*
	Stehende Längsschwingungen in Flüssigkeitssäulen	*Kundt*
	Untersuchungen über strahlende Wärme, besonders Reflexion	*Magnus*
	Scheibenversuche über innere Reibung der Gase	*Maxwell*
	Untersuchungen über Kapillarität	*van der Mensbrugge*
	Haupt- und Brennpunkte eines Linsensystems	*C. Neumann*
	Duales Harmoniesystem	*Oettingen*
	Totalreflexion sehr dünner Lamellen	*Quincke*
	Messung des Konstanten der metallischen Reflexion	*Quincke*
	Interferenzröhren zur Demonstration der Interferenz des Schalls (vgl. 1856 *Nörremborg*) .	*Quincke*
	Interferenz- und Resonanzmethoden für Schallgeschwindigkeit	*Quincke*
	Allgemeinste Formeln zur Dioptrik	*Seidel*
	Aplanat für Photographie (vgl. 1840) . . .	*Steinheil*
1867	Spektrum des Nordlichts und Zodiakallichts .	*J. Angström*
	Allgemeine Lichttheorie auf Grund der Hypothese der resultierenden Wirkungen . . .	*Boussinesq*
	Versuche über Explosionswellen	*Bunsen*
f.	Elektromotorische Gegenkraft und Widerstand des Lichtbogens	*Edlund*
	Geometrische Ableitung der 32 Kristallklassen (vgl. 1829 *Hessel*)	*Gadolin*
	Massenwirkungsgesetz chemischer Stoffe . .	*Guldberg* und *Waage*
f.	Resonanztheorie des Hörens	*Helmholtz*
	Mechanismus des Trommelfells und der Gehörknöchelchen	*Helmholtz*
	Zusammenfassung der physiologisch-optischen Arbeiten	*Helmholtz*
	Thermische Ausdehnung von Flüssigkeiten oberhalb ihres normalen Siedepunktes . .	*Hirn*
	Erfindung des Heberschreibers (Siphonrecorder)	*Kelvin*
	Replenisher (Füllapparat) f. Elektrometer usw.	*Kelvin*

1868 | Manometer für Druckschwankungen in tönenden Luftsäulen . . . . | *Kundt*

Linien- bzw. Bandenspektrum des Funken- bzw. Flächenblitzes . . . . | *Kundt*

f. | Versuche über Wasserwellen, insbesondere die kritische Geschwindigkeit . . . . | *L. Matthiessen*

Schwingungen einer elliptischen Membran . . | *Matthieu*

Einfache und exakte Definition der Masse . | *Mach*

Zerlegung der Zähigkeit in Elastizitätsmodul und Relaxationszeit (vgl. 1867) . . . . . | *Maxwell*

Neue Theorie der Diffusion der Gase . . . | *Maxwell*

Potential von Polygonen und Polyedern . . | *Mertens*

Hochspannungsbatterien aus Chlorsilberelementen . . . . | *Pinkus* u. *Warren de la Rue*

Messung von Kapillarkonstanten bei normaler Temperatur und beim Schmelzpunkt . . . | *Quincke*

Bequeme Formel für die Dampfspannung . . | *Rankine* und *Dupré*

Messung der Schallgeschwindigkeit . . . . | *Regnault*

Zähigkeitsmessungen an homologen Flüssigkeiten . . . . | *Rellstab*

Theorie der Zylinderlinsen . . . . | *Reusch*

Ausfluß plastischer fester Körper . . . . . | *Tresca*

Trübung und Färbung durch kleine Teilchen, mit Anwendungen auf Meteorologie . . . | *Tyndall*

Kritischer Punkt bei der Wirkung des Längszuges auf den Magnetismus . . . . . . | *Villari*

Kompensationsmethode zur Vergleichung der Widerstände von Elementen . . . . . . | *Wallenhofen*

Gleichung der Membranschwingungen . . . | *H. Weber*

Gasspektra in Geisslerschen Röhren . . . . | *Wüllner*

Interferenztheorie der Farbenphotographie und Zenkersche Blättchen (vgl. 1856) . . . . | *Zenker*

1869 f. | Messung der Kompressibilität der Gase bei verschiedenem Druck und Temperatur . . | *Amagat*

Entdeckung des kritischen Zustandes bei der Kohlensäure und andern Gasen (vgl. 1822) | *Andrews*

Studien über aperiodische Bewegung . . . . | *E. du Bois-Reymond*

Kurzarmige Präzisionswage . . . . | *Bunge*

Wasserluftpumpe . . . . | *Bunsen*

Optische Methode zur Bestimmung der Elastizitätszahl . . . . | *Cornu*

Grammesche Maschine (Kombination des Dynamoprinzips mit dem Ringanker, vgl. 1860 und 1867) . . . . | *Gramme*

1869 f.	Elektrizitätsleitung der Gase	*Hittorf*
	Schraubenförmige Windung des Glimmlichts .	*Hittorf*
	Gesetze der Kathodenstrahlen und des Glimmlichts	*Hittorf*
	Unterscheidung zwischen Faradayschem und Hittorfschem Dunkelraum bei Entladungen	*Hittorf*
	Gradlinige Ausbreitung und Schattenbildung der Kathodenstrahlen	*Hittorf*
	Thermodynamische Grundgleichung der Dissoziation	*Horstmann*
	Elektromagnetische Analogie der Bewegung von Ringen in Flüssigkeiten	*Kirchhoff*
	Theorie der freien Flüssigkeitsstrahlen (vgl. 1868 *Helmholtz*)	*Kirchhoff*
	Theorie der Bewegung fester Körper in Flüssigkeiten	*Kirchhoff*
	Bifilargalvanometrische Methode für Erdmagnetismus	*Kohlrausch*
	Sinus-Induktor	*Kohlrausch*
	Tonschwingungen flacher Luftplatten	*Kundt*
	Zusammenhang zwischen Fluoreszenz und Polarisation	*Lallemand*
	Räumliche Trennung der beiden axialen Strahlen im Quarz	*Lang*
	Spektrallinien und periodisches System . . .	*Lecocq*
f.	Untersuchungen über Spektren	*Lockyer*
	Erste absolute Messung der Wärmeleitfähigkeit der Flüssigkeiten (1838 *Despretz*) . .	*Lundquist*
	Periodisches System der chemischen Elemente	*Mendelejew u. L. Meyer*
	Versuche über den Ausfluß fester Körper (vgl. 1868 *Tresca*)	*Obermayer*
	Methode der Zinkelektroden zur Widerstandsmessung der Flüssigkeiten	*Paalzow*
	Tropfmethode für Kapillarmessungen	*Quincke*
	Minimum d. magnetischen Energie f. gegebene Gesamtstromstärke verzweigter Schließungen	*Rayleigh*
	Elektrisches Pyrometer	*Will. Siemens*
1870 f.	Beugungstheorie der Abbildung nichtleuchtender Objekte (Mikroskop)	*Abbe*
	Ultrarotes Phosphorenzspektrum mit hellen Fraunhoferschen Linien	*E. u. H. Becquerel*
f.	Untersuchungen über elektrische Entladungen und Lichtenbergsche Figuren	*Bezold*
	Erste genaue Messung der Dielektrizitätskonstante von Kristallen	*Boltzmann*

1870	Quecksilber haftet an Glas (keine Gleitung) .	Warburg
	Fadentelephon (zahlreiche Vorläufer)	Weinhold
1871	Erklärung der elektrischen Influenz auf	
	Tropfenbildung in Strahlen	Beetz
	Kinematik der Flüssigkeitsbewegungen . . .	Beltrami
	Theorie der Bewegung einzelner Ringe in einer	
	Flüssigkeit (vgl. 1869 Kirchhoff)	Boltzmann
	Gefrierpunktserniedrigung äquimolekularer	
	Mengen analoger Salze	Coppet
	Messung der Lichtgeschwindigkeit nach der	
	modifizierten Fizeauschen Methode (1849) .	Cornu
	Beziehung zwischen Temperaturkoeffizient des	
	Elastizitätsmoduls und Spannungskoeffizient	
	des thermischen Ausdehnungskoeffizienten .	Dahlander
	Fernkrafttheorie d. elektrischen Erscheinungen	Edlund
	Idee des Kugelelektrodynamometers	O. Frölich
	Wellenwiderstand der Schiffe	Froude
	Pulsationen von Kugeln in Flüssigkeit (Theorie	
	und Versuche), (vgl. 1863 Bjerknes) . . .	Guthrie
	Elektromagnetische Erregung der Stimmgabel	Helmholtz
	Theorie und Versuche betreffs Kapillarwellen	Kelvin
	Kompensiertes Magnetometer	Kohlrausch
	Dämpfungsmethode für Widerstandsmessungen	Kohlrausch
f.	Beobachtungen und Messungen anomaler Dispersion	Kundt
f.	Katoptrische und dioptrische Untersuchungen	Lippich
f.	Fluoreszenzarbeiten, insbesondere Abweichungen vom Stokesschen Gesetze (vgl. 1852)	Lommel
	Bromsilbergelatine-Emulsion für Photographie	Maddox
	Methode zur Vergleichung der Widerstände	
	von galvanischen Elementen	Mance
	Haidingersche und Mascartsche Streifen (1849)	Mascart
	Begriff der Konvergenz einer Größe (später	
	durch die „Divergenz" ersetzt)	Maxwell

	Elektromagnetische Theorie des Lichts . . .	Maxwell
	Einführung des Begriffs „Curl" (Quirl) einer	
	Größe	Maxwell
f.	Pendelbewegung mit Rücksicht auf Reibung .	O. E. Meyer
	Wissenschaftliche Theorie des Wellenwiderstandes gegen Schiffe (vgl. Froude) . . .	Rankine
	Lichtzerstreuung durch kleine Teilchen . . .	Rayleigh
	Messung der Stoßdauer elastischer Körper .	Schneebeli

1871	Erste Theorie der anomalen Dispersion . . .	*Sellmeyer*
	Mathematische Theorie der Diffusion der Gase (vgl. 1868 *Maxwell*)	*Stefan*
	Experimentelle Bestätigung des Daltonschen Gesetzes (vgl. 1806)	*Stefan*
	Dioptrische Untersuchungen, insbesondere Tiefenvergrößerung	*Toepler*
	Photogramm d. Dunkelraums bei Gasentladung	*Varley*
	Elastizitätsverhältnisse des Kautschuks . . .	*Villari*
	Erste Messung der Verschiebung der Fraunhoferschen Linien am Sonnenrande (vgl. 1870 *Secchi*)	*H. C. Vogel*
	Elektrisches Atom und seine Masse	*Weber*
	Verbessertes Horizontalpendel (*Hengler* 1831)	*Zöllner*
1872	Kondensor (Beleuchtungsapparat für das Mikroskop)	*Abbe*
	Voraussetzungslose Theorie der optischen Abbildung (vgl. 1858 *Maxwell*)	*Abbe*
	Potentialmethode und Reziprozitätssatz in der Elastizitätstheorie	*Betti*
	Untersuchungen über die Dielektrizitätskonstante	*Boltzmann*
	Kinetische Theorie der Reibung und Wärmeleitung der Gase.	*Boltzmann*
f.	Bewegung des Wassers in Flüssen und Röhren	*Boussinesq*
	Graphostatische Behandlung von Kräfteplanen	*Cremona*
	Manometer für kleine Drucke	*Desgoffes*
	Quadrantelektrometer und Schutzringelektrometer	*Kelvin*
	Patentlotmaschine für Tiefsee	*Kelvin*
	Einführung des Begriffs des akustischen Widerstands.	*Kirchhoff*
	Erfindung der manometrischen Flammen . .	*R. König*
	Theorie und Experimente, betreffend Kombinationstöne und Stoßtöne	*R. König*
	Verhalten polarisierbarer Elektroden gegen Wechselstrom	*Kohlrausch*
	Theoretische Forderung, daß das Leitvermögen mit der absoluten Temperatur proportional sei	*L. Lorenz*
	Theorie der Elektrizitätsleitung in dielektrischen Körpern	*Maxwell*
	Satz vom Maximum der durch einen geschlossenen Leiter gehenden Kraftlinienzahl (*Gauss* 1830)	*Maxwell*
f.	Theorie und Versuche, betr. Schallbeugung	*Rayleigh*
f.	Untersuchungen zur Theorie der Resonanz .	*Rayleigh*
	Erster Quecksilber-Barograph	*Schreiber*

1878	Methode der langen und kurzen Spektrallinien	*Lockyer*
	Ohmbestimmung mit der rotierenden Platte .	*L. Lorenz*
	Optisch-akustische Versuche	*Mach*
	Theorie und Versuche zu den Knoxschen	
	Nebenstreifen (1815) a. Newtonschen Gläsern	*Mach*
	Begründung d. Lehre vom magnetischen Kreise	*Maxwell*
	Erste wissenschaftliche Theorie der magne-	
	tischen Tragkraft	*Maxwell*
	Allgemeine Lösung des dioptrischen Problems	
	auf Grund des Sturmschen Satzes	*Maxwell*
	Theoretische Berechnung des Lichtdrucks . .	*Maxwell*
	Verallgemeinerte molekulare Richtungstheorie	*Maxwell*
	Stromverteilung im Querschnitt bei Wechsel-	
	strom	*Maxwell*
	Theorie der Elektrostriktion	*Maxwell*
f.	Tonverhältnisse von Stimmgabeln	*Mercadier*
	Weitere Untersuchungen über Plateausche	
	Figuren und dünne Lamellen (vgl. 1860) .	*Plateau*
	Einführung der Zerstreuungsfunktion in die	
	Akustik	*Rayleigh*
	Entwicklung der Lehre von den äquivalenten	
	Magnetpolen	*Riecke*
	Lissajouskurven im Raume u. ihre Stereoskopie	*Righi*
	Erster Versuch zur Berechnung von Dynamo-	
	maschinen	*Rowland*
	Erhöhung der Leitfähigkeit des Selens durch	
	Belichtung (vgl. 1837 *Knox*)	*W. Smith*
	Theorie der Verdampfung als einer Diffusion	
	u. Versuche ü. Verdampfungsgeschwindigkeit	*Stefan*
	Sensibilisatoren für Photographie langwelliger	
	Strahlen	*H. W. Vogel*
	Zustandsgleichung für wirkliche Gase . . .	*van der Waals*
	Gleichheit des in kritischen Bruchteilen ge-	
	messenen thermischen Ausdehnungskoeffi-	
	zienten für alle Flüssigkeiten	*van der Waals*
	Kontinuität d. flüssigen u. gasförmigen Zustands	*van der Waals*
	Theorie der übereinstimmenden Zustände . .	*van der Waals*
	Elastisches Gleichgewicht v. Rotationskörpern	*Wangerin*
	Platindruck und Platinphotographie	*Willis*
	Strömungsströme in engen Röhren ohne Dia-	
	phragma (vgl. 1861 *Quincke*)	*Zöllner*
1874	Totalreflektometer	*Abbe*
	Methode des in sich zurückkehrenden Strahls	*Abbe*
	Messungen an der Voltaschen Säule	*Angot*
	Rußfiguren auf Glasplatten und ihre Beein-	
	flussung durch gleitende Funken	*Antolik*
	Formel für die Rotationsdispersion	*Boltzmann*

1875	Brennpunktseigenschaften ebener Gitter . .	Cornu
	Staubkerne und Nebelbildung in der Luft .	Oulier und Mascart
	Diffusion der Gase durch Flüssigkeiten . . .	Exner
f.	Versuche über Magnetisierung v. Eisenkörpern	Fromme
	Begriff und Theorie der Kryohydrate (Kälte-mischungen)	Guthrie
	Drehung der Polarisationsebene und chemische Konstitution	van 't Hoff
	Ventilwirkung in Entladungsröhren	Holtz
f.	Theorie und Praxis der Gezeiten, insbesondere Anlyse, Synthese und Vorhersagung . . .	Kelvin
	Doppelbrechung im elektrostatischen Felde .	Kerr
	Theorie der metallischen Reflexion	Ketteler
	Einführung der Kirchhoffschen Elastizitäts-konstanten	Kirchhoff
	Nachweis der Eindeutigkeit des Elastizitäts-problems	Kirchhoff
	Stromverteilung in krummen Flächen . . .	Kirchhoff
	Präzisierung des Huygensschen Prinzips auf Grund der erweiterten Potentialtheorie (veröff. 1882) (vgl. 1819 Fresnel)	Kirchhoff
	Schwebungen von Tönen und Intensitätswechsel der Komponenten dabei	R. König
	Gesetz der unabhängigen Beweglichkeit der Ionen	Kohlrausch
	Einfluß der Temperatur auf die Leitfähigkeit der Elektrolyte	Kohlrausch und Grotrian
	Abnahme der Zähigkeit der Gase für kleine Drucke	Kundt u. War-burg
	Gleitung der Gase bei kleinen Drucken . .	Kundt u. War-burg
	Gesetze der Wärmeleitung der Gase (vgl. 1872 Stefan)	Kundt u. War-burg
	Phonisches Rad	La Cour
	Doppelbrechung und Zirkularpolarisation bei Quarz unter Druck	Mach
f.	Studium der Schallinterferenz und anderer Phänomene mittelst der Rußfiguren (Antolik)	Mach
	Schlüsse aus der theoretischen Isotherme eines Dampfes auf den Dampfdruck usw. . . .	Maxwell
	Beziehung des Verhältnisses der spezifischen Wärmen zur Konstitution der Molekel . .	Maxwell und Boltzmann
f.	Drehung der Polarisationsebene und Tem-peratureinfluß darauf	Soret und Sara-sin
	Adhäsion ist in vielen Fällen eine Luftdruck-erscheinung	Stefan

1878	Drehung der Polarisationsebene und Temperatureinfluß	*Sohncke*
f.	Schweißung der Metalle durch Druck allein .	*Spring*
f.	Diffusion der Flüssigkeiten und Gase . . .	*Stefan*
	Reibungs-, Hieb- und Drahttöne	*Strouhal*
	Feste und flüssige Prismen und Prismenkombinationen mit besonderen Eigenschaften .	*Thollon*
f.	Versuche zur Schallstärkemessung	*Vierordt*
	Potential von Rotationskörpern	*Wangerin*
	Theorie der elastischen Nachwirkung (Polarität der Molekeln)	*Warburg*
f.	Leuchten der Gase in Geisslerschen Röhren bei niedriger Temperatur	*E. Wiedemann*
f.	Elektrische Entladungen und ihre Wärmewirkung	*E. Wiedemann*
	Erste wissenschaftliche Theorie der Meeresströmungen	*Zöppritz*
1879	Photogramm des ultraroten Spektrums mit Hilfe einer besonderen Emulsion	*Abney*
	Kalkspatzwillinge durch Druck	*Baumhauer*
	Versuche über den Ausfluß der Flüssigkeiten	*Bazin*
	Weiteres zur hydroelektrischen und hydromagnetischen Analogie (vgl. 1863). . . .	*C. A. Bjerknes*
	Diamagnetische Kräfte und Drehungsmomente	*Boltzmann*
	Theorie der Magnetostriktion	*Boltzmann*
f.	Untersuchungen über Ebbe und Flut . . .	*Darwin*
	Parallelschaltungssystem für Glühlampen . .	*Edison*
	Glühlampe mit verkohltem Faden	*Edison*
f.	Potentialdifferenzen zwischen Metallen und Theoretisches dazu	*Exner*
	Gleichgewichtsformel für verdünnte Lösungen	*Guldberg* und *Waage*
	Entdeckung des Halleffekts	*Hall*
	Differentialbogenlampe	*Hefner-Alteneck*
	Studien über elektrische Grenzschichten . .	*Helmholtz*
	Theorie der elektrischen Endosmose und der Strömungsströme im Zusammenhange . .	*Helmholtz*
	Untersuchungen über Vokale und Konsonanten	*Hensen*
	Transversale Entladungen	*Hittorf*
	Gasentladungen hochgespannter Batterien und Unterscheidung zwischen stetiger und unstetiger Entladung, sowie Verwandtes . .	*Hittorf*
	Konstruktion der Induktionswage	*Hughes*
	Vollständige Theorie des Foucaultschen Pendels	*Kamerlingh Onnes*
	Telephonsirene	*Karsten*
	Temperatureinfluß auf Stimmgabeln	*Kayser*

1879	Die Schallgeschwindigkeit ist im allgemeinen von der Schallstärke unabhängig	*Kayser*
	Querschwingungen eines Stabes mit veränderlichem Querschnitt (vgl. 1876 *Rayleigh*) .	*Kirchhoff*
	Theorie stehender Wellen in Gefäßen . . .	*Kirchhoff*
	Zylindervibrograph	*R. König*
	Exakte Methode für die Leitfähigkeit der Elektrolyte	*F. Kohlrausch*
	Unabhängige Wanderung der Ionen (1875) .	*F. Kohlrausch*
	Zwei Schwingungen genügen, um eine Tonempfindung schlechthin zu erzeugen . . .	*W. Kohlrausch*
	Magnetische Drehung der Polarisationsebene in Gasen	*Kundt* und *Röntgen*
	Hydrodynamische Untersuchungen	*Lamb*
	Optisches Drehungsvermögen organischer Substanzen	*Landolt*
	Dampfdichtemethode (Verdrängung von Gasen) (vgl. 1877)	*V. Meyer*
	Messung von Wärmewellen im Ultrarot mit Hilfe von Interferenzstreifen	*Mouton*
	Phasenverschiebung und Verzweigung von Induktionsströmen	*Oberbeck*
	Nichtsphärische Wellen, insbesondere ihre Beugung und Strahlenvereinigung	*Rayleigh*
	Beobachtungen über Schallbrechung	*Schellbach*
	Erste elektrische Eisenbahn mit stabiler Kraftquelle	*Siemens* und *Halske*
	Theorie der Struktur der Kristalle	*Sohncke*
	Stefansches Strahlungsgesetz	*Stefan*
	Kalibrierung von Thermometern	*Thiesen*
	Deformation eines Quecksilberstrahls im Magnetfelde	*S. P. Thompson*
	Bestimmungen von Kapillarkonstanten und Verwandtes	*Volkmann*
f.	Formen der geschichteten Entladung . . .	*Warren de la Rue*
	Untersuchungen über Diffusion der Flüssigkeiten nach einer elektrischen Methode . .	*H. F. Weber*
	Wellenmaschine zur Demonstration	*Weinhold*
	Gründung des internationalen Maß- und Gewichtsbureaus in Sèvres bei Paris	—
1880	Untersuchung der Gase bei ungeheuren Drucken	*Amagat*
	Gesetz der Magnetisierung durch sehr kleine Kräfte	*Baur*
	Galvanische Polarisation (Superposition) . .	*Beetz*
	Mathematische Theorie der Elektrostriktion . (vgl. 1879 *Boltzmann*)	*Boltzmann* u. *Korteweg*

1881	Erster öffentlicher elektrischer Bahnbetrieb (Lichterfelde, vgl. 1879)	*Siemens* und *Halske*
	Zähigkeit der Flüssigkeiten	*Slotte*
f.	Diffusion der Metalle ineinander und Schweißung durch Druck (vgl. 1878 *Spring*) . .	*Spring* u. *Roberts Austen*
	Phototheodolit zur Photogrammetrie	*Stolze*
	Einführung von Namen und Begriff des Elektrons	*Stoney*
f.	Töne durch Bestrahlung (vgl. 1881 *Röntgen*) .	*Tyndall*

---

	f.	Theorie und Versuche, betreffend Magnetisierungsarbeit, Hysteresis und Energievergeudung	*Warburg*
1882	Diskussion über die verschiedenen Maßsysteme elektrischer und magnetischer Größen und Aufstellung des „natürlichen Maßsystems" für sie	—
	Jenaer Gläser von abgestufter Brechung und Dispersion	*Abbe* u. *Schott*
	Tragweite des Schalls in Luft	*Allard*
	Volumenänderung durch die Absorption . .	*K. Angström*
	Schnellseher (Stroboskop)	*Anschütz*
	Töne von Gefäßen mit Flüssigkeit	*Auerbach*
	Schlagweite bei verschiedenem Potential . .	*Baille*
f.	Schraubentheorie der Mechanik	*Ball*
	Volumenänderung des Nickels bei der Magnetisierung	*Barrett*
	Transformator für elektrische Ströme (Vorläufer *Gaulard* und *Gibbs* 1880)	*Blathy, Déry* u. *Zipernowski*
	Pendelaufhängepunkte von gleicher Periode .	*Böcklen*
	Photographie von Schallwellen	*Boltzmann*
	Kompressionspumpe für hohe Drucke . . .	*Cailletet*
	Die Knotenliniensysteme der Membranen gehen stetig ineinander über (Vorläufer *Savart*) .	*Elsas*
	Elektrizität der Flammen und glühenden Gase	*Elster* u. *Geitel*
f.	Magnetisierungsmessungen verschiedener Art	*Ewing*
	Theorie des Funkelns der Sterne (Szintillation)	*K. Exner*
	Erster praktisch brauchbarer Akkumulator (vgl. 1859 *Planté*)	*Faure*
	Die Ionen sind auch bei Gasen die Träger der Elektrizität, insbesondere bei Flammengasen	*Giese*
	Reflexion der Kathodenstrahlen und Verwandtes	*Goldstein*

1888 | Zugfestigkeit von Drähten . . . . | *Baumeister*
Nadelelektrodynamometer . . . . | *Bellati*
Versuche über Adsorption im Gegensatz zur Absorption . . . . | *Bunsen*
Wärmeentwicklung bei der Absorption . . . | *Chappuis*
Fernwirkung zweier Magnete mit Rücksicht auf die Glieder 4. Ordnung . . . . . . | *Chowlson*
Elektrizitätserregung glühender Körper . . . | *Elster* u. *Geitel*
Erfindung der „Telpherage" . . . . | *Fleeming* und *Jenkin*
Klemmspannung des Lichtbogens für verschiedene Bogenlängen . . . . | *Frölich*
Galtonsche Pfeife für höchste Töne . . . . | *Galton*
Beugung an der beleuchteten Schirmkante usw. | *Gouy*
Elastisches Gleichgewicht rotierender Wellen | *Greenhill*
Versuche über den Stoß von Zylindern (vgl. 1881 *Boltzmann*) . . . . | *Hausmaninger*
Magnetische Wage (beschrieben von *Köpsel* 1887) . . . . | *Helmholtz*
Versuche über die Glimmentladung . . . . | *Hertz*
Verschiedenheit der Kathodenstrahlen von den Stromlinien . . . . | *Hertz*
Erzeugung negativer Ladung durch die Kathodenstrahlen . . . . | *Hertz*
Behandlung des elastischen Problems nach der Methode der kinetischen Analogie (vgl. 1858 *Kirchhoff*) . . . . | *Hess*
Gasentladung mit Sonderelektroden u. Kondensator . . . . | *Hittorf*
Methode des übergreifenden Nebenschlusses für Widerstandsvergleichung . . . . . | *Kohlrausch*
Tonerniedrigung in Flüssigkeiten durch hydrodynamischen Widerstand . . . . | *Kolaček*
Bestäubungsmethode für Pyroelektrizität usw. | *Kundt*
Wellenlängen im Ultrarot (Gittermethode) . | *Langley*
f. | Genaue Ausmessung der Strahlung im Sonnenspektrum . . . | *Langley*
Isogyren von Kristallen . . . . | *Lommel*
f. | Spektroskopische Untersuchungen über Phosphoreszenz . . . . | *Lommel*
Historische Entwicklung der Mechanik . . . | *Mach*
f. | Verallgemeinerte Brennpunktseigenschaften . | *Matthiessen*
Quarzkeilkompensator . . . . | *Michel-Levy*
f. | Untersuchungen über verflüssigte Gase und den kritischen Zustand . . . . | *Olszewski* und *Wroblewski*
f. | Messung der Dielektrizitätskonstante von Flüssigkeiten . . . . | *Quincke*

1884 Hitzdrahtstrommesser (vgl. 1848 *Hankel*) . .	*Cardew*
Erste Verwirklichung des schwarzen Körpers (vgl. 1859 *Kirchhoff*)	*Christiansen*
Thermische Veränderlichkeit galvanischer Elemente und Prüfung der Helmholtzschen Theorie (vgl. 1877)	*Czapski*
Messung der kritischen Konstanten für viele Dämpfe	*Dewar*
Untersuchungen über Kristallsymmetrie . .	*Fedorow*
Rechte-Hand-Regel für den Induktionsstrom	*Fleeming*
Einführung und Untersuchung der eutektischen Gemische	*Guthrie*
Einfluß der Temperatur auf die Diffusion der Flüssigkeiten	*de Heen*
Amylacetatlampe als Lichteinheit	*Hefner-Alteneck*
Studien zur höheren Geodäsie	*Helmert*
Einführung der Begriffe Reduktion und Kondensation in die höhere Geodäsie	*Helmert*
Statik monozyklischer Systeme	*Helmholtz*
Thorie der schwimmenden elastischen Scheibe	*Hertz*
Graphische Darstellung der adiabatischen Ausdehnung und Temperatur feuchter Luft . .	*Hertz*
Elektrisierung der Gase	*Hittorf*
Begriff und Gesetze des osmotischen Drucks .	*van't Hoff*
f. Magnetooptische Konstanten bei der elliptischen Reflexion des Lichts an Eisen usw. . . .	*Kax*
Photogramme und Untersuchung von Blitzen	*Kayser*
Stabilität von Flüssigkeitsbewegungen . . .	*Kelvin*
Marinegyroskop und verwandte Apparate . .	*Kelvin*
Diffusion der Gase durch poröse Körper . .	*Kirchhoff* und *Hansemann*
f. Messung der Erddichte durch Wägung, mit systematischem Ausschluß der Fehlerquellen (vgl. 1881 *Jolly*)	*A. König, Richarz u. Krigar-Menzel*
Polabstand von Magnetstäben	*Kohlrausch*
Magnetische Drehung der Polarisationsebene im Eisen und anomale Dispersion dabei .	*Kundt*
Untersuchungen über den Kerreffekt (1876) .	*Kundt*
Spektrometrische Koinzidenzmethode mit Gitter und Prisma	*Langley*
Theorie der magnetooptischen Erscheinungen	*Lorentz* und *Voigt*
Lichtgeschwindigkeit im Wasser und Schwefelkohlenstoff (vgl. 1854 *Foucault*)	*Michelson*
In bezug auf Elastizität gibt es neun Kristallgruppen	*Minnigerode*

1884	Kompressibilität der Flüssigkeiten	*Pagliani*
	Magnetische Drehung und chemische Beziehungen	*Perkin*
	Versuch der theoretischen Behandlung der dreidimensionalen Flüssigkeitsstrahlen . .	*Planck*
	Einführung der Idee des Energieflusses und der Wanderung der Energie (Vorläufer *Umow* 1874)	*Poynting*
	Neues Normalelement	*Rayleigh*
	Normalwert für die magnetische Drehung in Schwefelkohlenstoff	*Rayleigh, Quincke* und *Köpsel*
	Elektromagnetisch-elastische Deformation . .	*Riecke*
	Widerstandszunahme des Wismut im Magnetfelde	*Righi*
	Untersuchungen über Erdströme und ihre Schwankungen	*Schering* u. *Wild*
	Erste Idee, das Verhältnis von Ladung und Masse aus der Ablenkung der Kathodenstrahlen zu bestimmen	*Schuster*
	Platinlampe als Lichteinheit (vgl. *Hefner*) . .	*Violle*
f.	Theorie der metallischen Reflexion	*Voigt*
	Durchgang des Lichts durch Platten und Verwandtes	*Voigt* u. *Drude*
f.	Messung der Elastizitätskonstanten zahlreicher Kristalle	*Voigt*
f.	Untersuchung der Prinzipien der Mechanik .	*Voss*
	Osmotische Untersuchungen, insbesondere isotonische Koeffizienten, Beziehung zu Gefrierpunkt und Siedepunkt	*de Vries*
	Modifizierte Influenzmaschine	*Wimshurst*
f.	Diffusion von Dämpfen und Verdampfungsgeschwindigkeit	*Winkelmann*
	Methode des künstlichen Horizonts für Lotschwankungen	*M. C. Wolff*
f.	Untersuchungen über Kapillarität	*Worthington*
1885	Wiener Stimmtonkonferenz und Festsetzung des Tones 435 als internationalen Kammertons	—
f.	Exakte Durcharbeitung der Thermometrie in Sèvres und Charlottenburg	—
	Diffuse Reflexion der Wärmestrahlen	*K. Angström*
	Normalwert für die Drehung der Polarisationsebene des Lichtes in Wasser	*Arons*
	Gasglühlicht	*Auer*
	Gesetzmäßigkeiten in der Linienverteilung im H-Spektrum	*Balmer*

1886 f.	Untersuchungen über Seiches	*Forel*
	Normal-Daniellelement	*Fleeming*
	Entdeckung der Kanalstrahlen	*Goldstein*
f.	Potentialdifferenzen zwischen Metallen . . .	*Hallwachs*
	Untersuchungen über Dämpfe und Nebel . .	*R. v. Helmholtz*
	Formel für die Temperaturkurve der Löslich- keit (vgl. 1885 *Le Chatelier*)	*van 't Hoff*
f.	Theorie und Vorausberechnung der Dynamo- maschine	*Hopkinson*
	Druckverhältnisse beim Ausströmen der Gase	*Hugoniot*
	Theorie stehender Wellen auf fließendem Wasser	*Kelvin*
	Methode zur Messung der Biegung von Stäben	*W. König*
	Lokalvariometer für Erdmagnetismus . . .	*Kohlrausch*
	Tonhöhenmessung mit dem Chronoskop . . .	*Lang*
	Ausmessung der Spektren künstlicher Wärme- quellen	*Langley*
	Untersuchungen über den Halleffekt und Ver- wandtes (vgl. *Ettingshausen*)	*Leduc*
	Formeln und Tafeln für die Fresnelschen Beugungserscheinungen bei kreisförmiger Öffnung	*Lommel*
	Erster objektiver Nachweis der Kombinations- töne	*Lummer*
	Lichtgeschwindigkeit in strömendem Wasser und Mitführungskoeffizient des Äthers . .	*Michelson* und *Morley*
	Unterscheidung zwischen primärem und se- kundärem Elastizitätsmodul (Zyklen der Beanspruchung)	*Miller*
	Verteilung der Elektrizität auf einer Kugel- kalotte	*C. Neumann*
	Verdrängungsapparat für Dampfdichte . . .	*Nilsson* und *Petterson*
	Zylinderrefraktometer für Kristalle	*Pulfrich*
f.	Gesetz der Dampfdruckerniedrigung von Lö- sungen	*Raoult*
	Graphische Scherung zur Vereinfachung von Magnetisierungskurven	*Rayleigh*
f.	Messung der Kompressibilität von Flüssig- keiten	*Röntgen*
	Spezifische Wärme organischer Flüssigkeiten in Beziehung zur chemischen Konstitution	*Schiff*
	Laufgewichtsbarograph	*Sprung*
	Untersuchungen über Fluoreszenz	*Stenger*
	Vielscheibige Influenzmaschine (vgl. 1865) . .	*Toepler*
	Versuche über den Ausfluß der Flüssigkeiten	*Vautier*
	Schalleitung in Röhren	*Violle* und *Vau- tier*

1886	Vaporhäsion und ihre schädlichen Wirkungen bei elektrischen und Wägungsmessungen .	*Warburg* und *Ihmori*
f.	Kritik und Systematik der Maße und Meß-methoden	*Weinstein*
	Untersuchungen über Kapillarität	*Weinstein*
1887	Eröffnung der Physikalisch-technischen Reichs-anstalt.	—
f.	Sonometer verschiedener Art	*Appunn*
	Potentialdifferenz an Funkenstrecken. . . .	*Arons*
	Leitvermögen phosphoreszierender Luft . . .	*Arrhenius*
	Aspirationsthermometer (vgl. *Welsh* 1852) .	*Assmann*
	Grammophon	*Berliner*
	Modifizierter Steighöhenapparat für magne-tische Feldmessungen (*Quincke* 1885) . .	*du Bois*
	Proportionalität der Drehung der Polarisations-ebene mit der Magnetisierungsstärke . .	*du Bois*
	Halleffekt in Geisslerschen Röhren	*Boltzmann*
	Wissenschaftliche Lehre von den Überfällen	*Boussinesq* und *Bazin*
	Radiomikrometer	*Boys*
	Theorie der Orgelpfeifen	*Brockmann*
f.	Studien zur allgemeinen Elastizitätstheorie .	*Chree*
	Synchronismus und Synchronisation von Schwingungen.	*Cornu*
	Gleichgewichtsfiguren zweier benachbarter gra-vitierender Massen	*Darwin*
	Unabhängigkeit der Lichtgeschwindigkeit von der Intensität	*Ebert*
	Galvanomagnetischer Quereffekt (vgl. 1886) .	*Ettingshausen*
f.	Atmosphärische Elektrizität, insbesondere Po-tentialgefälle	*Exner*
	Phonoskop mit Momentanbeleuchtung . . .	*Forchhammer*
	Allgemeinste elektrische Strombrücke . . .	*Frölich*
	Theorie des Halleffekts und der verwandten Phänomene (vgl. 1879 u. 1886)	*Goldhammer*
	Untersuchungen über das kinetische Potential	*Helmholtz*
	Induktionswirkung der Verschiebungsströme in dielektrischen Medien	*Hertz*
	Versuche über sehr schnelle elektrische Schwingungen (vgl. 1858 *Feddersen* und 1870 *Bezold*)	*Hertz*
	Sicherer Nachweis der Wirkung des ultravio-letten Lichtes auf die elektrische Entladung	*Hertz*
	Bestätigung der Horstmannschen Dissoziations-theorie und Gleichung (1869)	*van't Hoff*
	Messung der spezifischen Wärme bei konstantem Volumen mit dem Dampfkalorimeter . .	*Joly*

1888	Elektrodynamische Methode für magnetische Feldmessung	*Stenger*
	Pendel zu Schweremessungen	*Sterneck*
	Aktinoelektrische Ströme in Gasen	*Stoletow*
	Osmose und Theorie der Lösungen	*Tammann*
	Diamagnetische Messungen an Gasen . . .	*Toepler*
	Photographie des Dopplereffekts auf die Spektrallinien der Gestirne	*H. C. Vogel*
f.	Präzisionsampere- und Voltmeter	*Weston*
	Einführung des Namens „Lumineszenz" . .	*E. Wiedemann*
	Einfluß des ultravioletten Lichts auf die Kathode	*E. Wiedemann* und *Ebert*
	Optisches Telephon zur Strommessung . . .	*M. Wien*
	Verdampfungsgeschwindigkeit in Abhängigkeit von der Verdampfungsfläche (Theorie von *Stefan* 1882)	*Winkelmann*
	Isothermen der Gase bei sehr niedrigen Temperaturen	*Wroblewski*
1889	Immersionssystem mit höchster Apertur (Monobromnaphtalin)	*Abbe*
f.	Arbeit und Energie im elektrischen Felde. .	*Adler*
	Absorptionsspektren von Gasen und Dämpfen für Wärme	*Ångström*
	Fresnelscher Spiegelversuch mit elektrischen Wellen	*Boltzmann*
	Messung der mittleren Erddichte	*Boys*
f.	Elliptische Polarisation an natürlichen Kristallflächen	*Drude* und *K. Schmidt*
	Thermodynamische Unmöglichkeit absolut diamagnetischer Körper	*Duhem*
	Zerstreuung der negativen Ladung lichtempfindlicher Substanzen durch das Licht . .	*Elster* u. *Geitel*
	Isthmusmethode und Sättigungswerte der Magnetisierung	*Ewing* und *Low*
	Photographie von Schwingungskurven . . .	*Frölich*
	Konvektionstheorie der metallischen Leitung	*Giese*
	Thermosäule für praktische Zwecke	*Gülcher*
	Untersuchungen über Wellen und Windwogen	*Helmholtz*
	Theorie der Vokale und Konsonanten, insbesondere die Lehre von den Formanten . .	*Hermann*
	Neue Lösung des Rotationsproblems	*Hess*
	Magnetische Eigenschaften des Nickeleisens .	*Hopkinson*
	Temperatureinfluß auf den Magnetismus . .	*Hopkinson*
	Haupt- und Nebenserien, scharfe und diffuse Serien im Spektrum	*Kayser, Runge, Rydberg*
	Molekulartheorie der Elastizität.	*Kelvin*
f.	Neue Äthertheorien	*Kelvin*

1889	Neue Lösung des Rotationsproblems (*Hess*) .	*Kowalewski*
	Koloidale Formen und allotrope Modifikationen des Silbers	*Lea (Carey)*
	Abnahme der Festigkeit der Metalle mit der Temperatur	*Le Chatelier*
	Zerstäubung durch ultraviolette Strahlen . .	*Lenard*
f.	Untersuchungen über Phosphoreszenz . . .	*Lenard* u. *Klatt*
	Gleichheits- und Kontrastphotometer	*Lummer* und *Brodhun*
	Photogramme der Luftwellen bei Geschossen (vgl. 1887)	*Mach* u. *Salcher*
	Beeinflussung der Löslichkeit eines Salzes durch Zusatz eines andern	*Nernst*
f.	Schwingungen gespannter Fäden	*Oosting*
	Potentialdifferenz an Funkenstrecken . . .	*Paschen*
f.	Theorie der optischen Erscheinungen an Kristallen unter Druck und Verwandtes . . .	*Pockels*
	Objektive Darstellung des Innern einer tönenden Pfeife	*Raps*
	Tonstärkemessung mit dem Ventilmanometer .	*Raps*
	Selektive Wärmereflexion der Metalle . . .	*Rubens*
	Multiple Resonanz bei elektrischen Schwingungen	*Saraxin* und *de la Rive*
	Untersuchung und Verstärkung des Feldes zwischen gegenüberstehenden Magnetpolen	*Stefan*
	Zyklische Magnetisierungswärme bei Eisen und Stahl	*Tanaka*
f.	Theorie der galvanischen Polarisation und der kapillarelektrischen Erscheinungen . . .	*Warburg*
	Oxydierende Wirkung der Kanalstrahlen . .	*Wehnelt*
	Theorie der elastischen Nachwirkung . . .	*Wiechert*
	Tonstärkemessung mit Resonatoren und Entfernungsgesetz der Schallstärke	*M. Wien*
	Telephonmethode für die Dielektrizitätskonstante	*Winkelmann*
1890 f.	Herstellung von Legierungen ohne Temperaturkoeffizienten der Leitfähigkeit . . .	—
f.	Abhängigkeit der Dielektrizitätskonstante von der Schwingungszahl (elektrische Dispersion)	*Versch. Urheber*
	Systematische Untersuchung der Membranschwingungen	*Antolik*
	Erscheinungen an polarisierten Platinspiegeln	*Arons*
	Berührungsdruck und Messung der absoluten Härte (vgl. 1882 *Hertz*)	*Auerbach*
f.	Isothermen von Gasen und Dämpfen in weitem Druck- und Temperaturbereich	*Battelli*

1891	Vorkommen der Elemente auf der Sonne nach ihren Linien im Spektrum zu schließen . .	*Rowland*
	Anastigmat, später Protar genannt (photographisches Objektiv der Firma *Zeiss*) . .	*Rudolph*
	Art der Tonerzeugung in Lippenpfeifen . . .	*van Schaik*
	Sonnentheorie auf Grund der Strahlenbrechung	*A. Schmidt*
	Vollständiges System der Kristallsymmetrien	*Schoenflies*
	Polytrop (besonderer Kreiselapparat)	*Sire*
	Harmonischer Analysator (vgl. 1875 *Kelvin*) .	*Sommerfeld* u. *Wiechert*
	Beständigkeit von Magneten und Methoden sie zu steigern	*Strouhal* und *Barus*
	Molekulartheorie der elektrischen und magnetischen Erscheinungen	*J. J. Thomson*
	Abweichungen vom Hookeschen Gesetz (1660)	*O. Thompson*
f.	Versuch einer kinetischen Theorie der Flüssigkeiten (vgl. 1890 *Jäger*)	*Voigt*
	Zusammenfassung der elektromagnetischen Grundgleichungen für ruhende und bewegte Körper (vgl. 1890 *Hertz*)	*Volterra*
f.	Untersuchungen über die Lokalisierung und Wanderung der Energie	*W. Wien*
	Messung von Induktionskoeffizienten und Kapazitäten durch verzweigte Ströme	*M. Wien*
	Druck und Volumen der Luft bei sehr tiefen Temperaturen	*Witkowski*
	Interferentialrefraktoren mit vier Platten . .	*Zehnder* und *L. Mach*
1892	Abbesches Dilatometer (vgl. 1864 *Fizeau*) . .	*Abbe*
	Strahlung verdünnter Gase unter dem Einfluß elektrischer Entladungen	*Ångström*
	Diffusion von Gemischen gelöster Körper . .	*Arrhenius*
	Definition und Messung von Plastizität und Sprödigkeit	*Auerbach*
	Messung von Überführungszahlen	*Bein*
	Dämpfung geschlossener Resonatoren, ohne und mit Funkenstrecke	*Bjerknes*
	Magnetismus des geschlitzten Ringes	*du Bois*
f.	Elektrischer Widerstand der Metalle bei sehr tiefen Temperaturen, Konvergenz gegen null	*Dewar* und *Fleming*
	Theorie der natürlichen Drehung der Polarisationsebene	*Drude*
	Theorie der magnetooptischen Erscheinungen (vgl. 1884 *Lorentz*)	*Drude* und *Goldhammer*
f.	Große Serie von Spektralmessungen	*Eder* und *Valenta*
	Theorie d. Wirbelbewegungen höherer Ordnung	*Fabri*

1892	Exakte Siedethermometer für Höhenmessungen	*Hartl*
	Elektronentheorie der anomalen Dispersion .	*Helmholtz*
	Beziehungen der elektromagnetischen Gleichungen zum Prinzip der kleinsten Wirkung	*Helmholtz*
	Doppelanastigmat für Photographie (Firma *Goertz*) (vgl. 1891 *Rudolph*)	*Hoegh*
	Einfluß der Härtungstemperatur auf den Magnetismus	*Holborn*
	Neue Theorie der Lösung elastischer Probleme	*Ibbetson*
	Untersuchungen über das absolute Tonbewußtsein	*Kries*
	Einfluß der Temperatur auf die magnetische Hysteresis	*Kunz*
f.	Überführung der Kathodenstrahlen in die freie Atmosphäre und Untersuchung daselbst .	*Lenard*
f.	Elektronentheorie der elektrischen Erscheinungen	*H. A. Lorentz*
	Empfindliches Flächenbolometer	*Lummer* und *Kurlbaum*
	Brechung und Dispersion im ultraroten Spektrum	*Nichols*
	Strenge Theorie der Beugung an einem graden Rande	*Poincaré*
	Barograph und andere Registrierapparate . .	*Richard*
	Offene Streifenresonatoren für elektrische Schwingungen.	*Righi*
f.	Untersuchungen über langwellige Strahlen, insbesondere Wellenlängen, Brechungsquotient des Steinsalzes	*Rubens*
	Thermischer Ausdehnungskoeffizient von Gläsern in Beziehung zur chemischen Konstitution	*Schott*
	Magnetischer Kurvenprojektor	*Searle*
	Untersuchungen über den Körper größter Anziehung	*Sella*
	Verallgemeinerung des Abbeschen Sinussatzes (vgl. 1873 *Abbe*)	*Thiesen*
	Kadmium-Normalelement	*Weston*
	Methode der Nebenelektroden zur Demonstration elektrischer Wellen	*Zehnder*
1893 f.	Internationale Beobachtungen über die freie Nutation der Erdachse und ihre Periode .	—
	Diffusion von Gemischen gelöster Körper (vgl. 1892 *Arrhenius*)	*Abegg*
f.	Druck, Volumen, Ausdehnung und Isothermen der Gase in weitem Bereich	*Amagat*
	Eindringen und Absorption elektrischer Wellen	*Bjerknes*

1894	Selbsttätige hydrodynamische Quecksilber-pumpe (vgl. 1891 *Raps*)	*Kahlbaum*
	Normalelement	*Kahle*
	Elektrodynamisches Magnetometer	*Koepsel*
	Geringe Leitfähigkeit ganz reinen Wassers .	*Kohlrausch* u. *Heydweiller*
	Zapfen und Stäbchen sind gesonderte Sehorgane	*Kries*
f.	Elektronentheorie in mathematischer Aus-führung (vgl. 1892 *Lorentz*)	*Larmor*
	Zerstreuung der Kathodenstrahlen (vgl. 1892)	*Lenard*
	Eigenschaften und Theorie des Kohärers (vgl. 1890 *Branly*)	*Lodge*
	Erste im Prinzip gelungene Drachen- und Segelflieger	*Maxim* und *Wellner*
f.	Methoden zur Messung hoher u. höchster Töne	*Melde*
f.	Verlängerung durch Magnetisierung bei Zug und Biegung	*Nagaoka*
	Wärmestrahlen größter Wellenlänge	*Paschen*
	Wärmeabsorption des Wasserdampfs	*Paschen, Rubens* u. *Aschkinas*
	Theorie der Hertzschen Resonatoren	*Poincaré*
	Kathodenstrahltheorie des Nordlichts . . .	*Poulsen*
	Erklärung der Diffusion des Wasserstoffs durch Palladium durch seine Dissoziation . . .	*Ramsay*
	Theorie des Magnetismus als Konvektions-strom rotierender Ionenladung	*Richarz*
	Doppelbrechung elektrischer Wellen	*Righi*
	Messungen mit einen neuem Absorptiometer .	*Steiner*
	Demonstration der elektrodynamischen Schirm-wirkung bei Wechselstrom	*J. J. Thomson*
	Messung der Zähigkeit organischer Flüssig-keiten	*Thorpe* u. *Rodger*
	Messung zahlreicher Dielektrizitätskonstanten bei raschen Schwingungen	*Thwing*
	Interferenzerscheinungen an bewegten Quarz-keilen	*Verschaffelt*
	Tafeln der Spannkräfte und Siedepunkte für Wasserdampf	*Wiebe*
	Messung gegenseitiger und Selbstinduktions-koeffizienten	*M. Wien*
	Untersuchungen zur Theorie der Wasserwellen	*W. Wien*
	Elastizitätsmodul und Festigkeit Jenaer Gläser	*Winkelmann* u. *Schott*
f.	Experimentelle Bestätigung des Gesetzes der korrespondierenden Zustände (vgl. 1873 *van der Waals*)	*Young*

7*

1895	Entdeckung der Röntgenstrahlen (X-Strahlen)	Röntgen
	Eigenschaften der Röntgenstrahlen, insbesondere Ionisierung der Gase durch sie . .	Röntgen
	Panzergalvanometer	Rubens und du Bois
	Neue·Theorie des Erdmagnetismus	Ad. Schmidt
	Schallgeschwindigkeit in Flüssigkeiten . . .	N. Schmidt
	Grenzen der Gültigkeit des Newtonschen Gesetzes und Aufstellung einer allgemeineren Formel	Seeliger
	Strenge Theorie der Beugung.	Sommerfeld
	Einfluß des Drucks auf die elektrolytische Leitfähigkeit (Theorie von Planck 1887) . . .	Tammann
	Drucklibelle (Variometer, vgl. Hefner 1895) .	Toepler
	Direkte Messung der Fortpflanzungsgeschwindigkeit elektrischer Wellen	Trowbridge
	Faltenpunkt und Faltenpunktskurve von Dampfgemischen	van der Waals
f.	Entladungsstrahlen und ihre Eigenschaften .	Wiedemann
	Lichtemission fester, flüssiger und gasiger Körper	Wiedemann u. Schmidt
	Farbenanpassung in der Natur und Photographie in natürlichen Farben	Wiener
1896	Quecksilberlichtbogen und Quecksilberlampe	Arons
	Entdeckung der Becquerelstrahlen (Radioaktivität).	H. Becquerel
	Abhängigkeit der Krümmung der Kathodenstrahlen im Magnetfelde vom Entladungspotential	Birkeland
	Magnetische Eigenschaften der verschiedenen Eisen- und Stahlsorten	du Bois und Jones
	Wirkung einer Funkenstrecke auf Röntgenstrahlen . . . . . . ·	Campanile
	Erster, zum Teil leistungsfähiger Segelflieger	Chanute
f.	Theorie elektrischer Wellen in Drähten . . .	Drude
	Messung der mittleren Erddichte und der Variationen der Schwerkraft	Eötvös
f.	Halleffekt und Kristallnatur bei Wismut . .	Everdingen
	Theorie der Transformationstöne	Everett
f.	Große Serie von Spektralmessungen (vgl. 1892 Eder)	Exner und Haschek
	Ausflußexperimente in großem Maßstabe . .	Farmer
	Magnetisierung einer Kugel	Grotrian
	Hargravedrachen für wissenschaftliche Zwecke	Hargrave
	Neue elektrodynamische Stromwage (vgl. 1864 Cazin).	Helmholtz und Kahle

1896 | Kritische Untersuchung der Prinzipe von Maupertuis und Hamilton (1752 u. 1834) . | Hölder
Photometer zur Messung des Lichtflusses . . | Houston
Wanderung der Spektrallinien nach der Seite der größeren Wellenlängen durch Druck . | Jewell
Höchste Magnetisierungswerte weichen Eisens | Jones
Untersuchungen über das labile Gleichgewicht | Kneser
f. | Untersuchungen über die Prinzipe der Mechanik und das kinetische Potential . . . . . . | L. Königsberger
Druckwirkung von Schallwellen (Hohl- und Schwingungsresonatoren) . . . . | Lebedew
Wert der Konstante des elektrooptischen Kerreffekts (vgl. 1875 Kerr) . . . . . | Lemoine
Diffusion in Gallerte (Liesegangsche Ringe) . | Liesegang
Maschine zur Verflüssigung der Luft . . . | Linde
f. | Messung von Verdampfungswärmen . . . . | Louguinine
Experimentelle Bestätigung des Talbotschen Gesetzes (1834) . . . . | Lummer und Brodhun
Kritisches zur Wärmelehre . . . . | Mach
Erfindung der Funkentelegraphie (Telegraphie ohne Draht) . . . . | Marconi
Wirkung magnetisierter Ellipsoide . . . . . | Nagaoka
Magnetische Eigenschaften der Amalgame . | Nagaoka
Theorie der umkehrbaren und nicht umkehrbaren Prozesse . . . . | Natanson
Radiometer als wissenschaftliches Meßinstrument (vgl. 1873 Crookes) . . . . . . | Nichols
Diskussion über Berechtigung und Nutzen der Energetik . . . . | Ostwald u. A.
Emission verschiedener Körper bei verschiedenen Temperaturen . . . . | Paschen
Rotationen von Körpern in Dielektrizis im konstanten dielektrischen Felde, nebst Erklärung | Quincke und Heydweiller
Gesetze der Ionisierung durch Röntgenstrahlen | Righi
Untersuchungen über Röntgenstrahlen . . . | Roiti
Versuche über das Entfernungsgesetz des Schalls . . . . | Schaefer
Elektrisches Kapillarlicht . . . . | Schott
Theorie und Nachweis des maximalen Schmelzpunktes . . . . | Tammann
Studien zur allgemeinen Elastizitätstheorie . | Tedone
f. | Durchgang der Elektrizität durch Gase, die durch Röntgenstrahlen erregt sind . . | Thomson und Rutherford
f. | Polarisation durch Wechselstrom und Verhalten unpolarisierbarer Elektroden . . . . . | Warburg
Kristallmagnetismus des Magneteisensteins . | Weiss
Elektronentheorie der Elektrodynamik . . . | Wiechert

1900	Kinetische Theorie der Schichtenbildung in Geisslerschen Röhren	*Walker*
f.	Elektrische Ozonisierung des Sauerstoffs . .	*Warburg*
	Schichtenlänge in Geisslerschen Röhren als Funktion von Stromstärke und Druck . .	*Willows*
	Systematische Bearbeitung der Erdströme . .	*Weinstein*
	Temperatureinfluß auf die Magnetisierung . .	*Wills*
	Schirmwirkung im Wechselfelde	*Wilson*
	Photogramme von Luftwellen nach der Schlieren-methode	*Wood*
	Asymmetrie beim Zeeman-Triplet des Eisens	*Zeeman*

II.

Tafel ausgewählter physikalischer Bücher mit Jahr und Ort des Erscheinens

(im allgemeinen die erste Auflage).

— 350	*Aristoteles*	Mechanica (Paris 1579)
340	*Aristoteles*	Physik (deutsch von *Weisse*, Leipzig 1829)
	Aristoteles	Meteorologie (französisch von *Barthélémy*, Paris 1863)
300	*Euklid*	Elemente der Mathematik (deutsch von *Hartwig*, Halle 1860)
230	*Archimedes*	Opera (Editio princeps Basel 1544; deutsch von *Nitze*, Stralsund 1824)
120	*Heron*	Spiritualia seu Pneumatica
55	*Lucrex*	De rerum natura (deutsch von *Seydel*, München 1881)
18	*Vitruv*	De Architectura (deutsch von *Reber*, Stuttgart 1864)
+ 77	*Plinius*	Historia naturalis (deutsch von *Wittstein*, Leipzig 1880)
135	*Ptolemäus*	Megala Syntaxis (Almagest)
300	*Pappus*	Collectiones mathematicae
1137	*Al Kazini*	Wage der Weisheit
1267	*Roger Bacon*	Opus majus (herausgegeben von *Jebb* 1733)
1537	*Tartaglia*	Nuova Scienza (Venedig)
1543	*Kopernikus*	De revolutionibus orbium celestium (Nürnberg)
1570	*Cardano*	Opus novum (Basel)
1575	*Maurolykos*	Theoremata de lumine et umbra (Venedig)
1577	*Ubaldi*	Mechanicorum Libri VI (Pesaro)
1585	*Stevin*	Beginselen der Weegkonst (Leiden)
1600	*Gilbert*	De magnete magneticisque corporibus et de magno magnete Tellure (London)
1604	*Kepler*	Paralipomena, quibus astronomiae pars optica tractatur (Frankfurt)
1608	*Stevin*	Hypomnemata mathematica (Leiden)
1609	*Kepler*	Astronomia nova (Prag)
1610	*Galilei*	Nuncius sidereus (Venedig)

1611	*Kepler*	Dioptrice (Wien)
1618	*Kepler*	Epitome astronomiae copernicanae (Linz)
1619	*Scheiner*	Oculus, hoc est Fundamentum opticum (Innsbruck)
1620	*Francis Bacon*	Novum Organum (London)
1632	*Galilei*	Dialogo intorno ai due massimi sistemi del Mondo, tolemaico e copernicano (Florenz)
1636	*Mersenne*	Harmonie universelle (Paris)
1637	*Descartes*	Dioptrice (Paris)
1638	*Galilei*	Discorsi e dimostrationi matematiche (Leiden)
1641	*Torricelli*	Trattato del moto dei gravi (Florenz)
1644	*Descartes*	Principia philosophiae (Amsterdam)
	Mersenne	Cogitata physico-mathematica (Paris)
1646	*Kircher*	Ars magna lucis et umbrae (Rom)
1648	*Pascal*	Récit de la grande expérience de l'équilibre des liqueurs (Paris)
1650	*Kircher*	Musurgia universalis (Rom)
1660	*Grimaldi*	Physico-mathesis de lumine, coloribus et iride (Bologna)
	Boyle	New experiments physico-mechanical, touching the spring of the air (Oxford)
1663	*Pascal*	Traité de l'équilibre des liqueurs et de la pesanteur de l'air (Paris, entstanden 1653)
1665	*Hooke*	Micrographia (London)
1670	*Borelli*	De vi percussionis et de motionibus a gravitate pendentibus (Bologna)
1672	*Guericke*	Experimenta magdeburgica (Amsterdam, vollendet 1663)
1673	*Huygens*	Horologium oscillatorium (Paris)
1674	*Papin*	Nouvelles expériences du vide (Paris)
	Deschales	Cursus seu mundus mathematicus (Lyon)
1679	*Mariotte*	Essay sur la nature de l'air (Paris)
1681	*Huygens*	Dissertatio de causa gravitatis (Paris)
1684	*Kircher*	Neue Hall- und Tonkunst (Nördlingen)
1685	*Senguerd*	Philosophia naturalis (Leiden)
1686	*Mariotte*	Traité du mouvement de l'eau (Paris)
1687	*Newton*	Philosophiae naturalis principia mathematica (London)
	Varignon	Projet d'une nouvelle mécanique (Paris)
1690	*Huygens*	Traité de la lumière (Leiden, entstanden 1678)
1704	*Newton*	Optice (3 Bde., London)
1709	*Hawksbee*	Course of mechanical and other instruments (London)
	Hawksbee	Physico-mechanical experiments on light and electricity (London)

1721	's Gravesande	Physices elementa mathematica, experimentis confirmata sive Introductio ad philosophiam newtonianam (Leiden)
1728	Huygens	Dioptrice (Amsterdam, entstanden ca. 1685)
1729	Bouguer	Essay d'optique sur la gradation de la lumière (Paris)
1736	Euler	Mechanica sive motus scientia (2 Bde., Petersburg)
1738	D. Bernoulli	Hydrodynamica (Straßburg)
1739	Euler	Tentamen novae theoriae musicae (Petersburg)
1743	D'Alembert	Traité de dynamique (Paris)
	Clairault	Théorie de la figure de la terre (Paris)
1744	D'Alembert	Traité de l'équilibre et du mouvement des fluides (Paris)
	Winkler	Gedanken von den Wirkungen und Ursachen der Elektrizität (Leipzig)
1746	Kant	Gedanken von der wahren Schätzung der lebendigen Kräfte (Königsberg)
1748	Muschenbroek	Institutiones physicae (Leiden)
1751	Franklin	Experiments and observations on electricity (London)
	D'Alembert	Essai d'une nouvelle théorie de la résistance des fluides (Paris)
1754	Tartini	Trattato di musica secondo la vera scienza dell'armonia (Padua)
1755	Kant	Allgemeine Naturgeschichte und Theorie des Himmels (Königsberg)
1758	Lesage	Essai de chimie mécanique (Rouen)
1759	Aepinus	Tentamen theoriae electricitatis et magnetismi (Rostock)
	Boscovich	Philosophiae naturalis theoria reducta ad unicam legem virium existentium (Wien)
1760	Lambert	Photometria sive de mensura et gradibus luminis, colorum et umbrae (Augsburg)
1762	Muschenbroek	Introductio ad philosophiam naturalem (Leiden)
1765	Euler	Theoria motus corporum solidorum (Rostock)
1767	Priestley	History and present state of electricity (London)
1768	Euler	Lettres à une princesse d'Allemagne sur quelques sujets de physique (3 Bde., Petersburg)
1769	Euler	Dioptrica (3 Bde., Petersburg)
1775	Beccaria	Dell' elettricità terrestre atmosferica (Turin)
1779	Marat	Découvertes sur le feu, l'électricité et la lumière (Paris)
1781	Kant	Kritik der reinen Vernunft (Riga)
1784	Hauy	Essai d'une théorie sur la structure des cristaux (Paris)

1784	Math. Young	An inquiry into the principal phenomena of sound and musical strings (London)
1786	Kant	Metaphysische Anfangsgründe der Naturwissenschaft (Riga)
1787	Chladni	Entdeckungen zur Theorie des Klanges (Leipzig)
1788	Lagrange	Mécanique analytique (Paris)
1796	Laplace	Exposition du système du monde (Paris)
1799	Laplace	Traité de mécanique céleste (3 Bde., Paris)
	Davy	Contributions to physical and medical knowledge (Bristol)
1801	Eytelwein	Handbuch der Mechanik und Hydraulik (Berlin)
1802	Chladni	Akustik (Leipzig)
1803	Black	Lectures on the elements of chemistry etc. (Edinburg)
	Rumford	Philosophical papers etc. (London)
1804	Gerstner	Theorie der Wellen (Prag)
	Kant	Vom Übergange von den metaphysischen Anfangsgründen zur Physik (erst neuerdings veröffentlicht)
	Leslie	Inquiry into the nature of heat (London)
	Poinsot	Elements de statique (Paris)
	Rumford	Mémoirs sur la chaleur (Paris)
	Benzenberg	Versuche über die Gesetze des Falls, den Widerstand der Luft und die Umdrehung der Erde (Hamburg)
1806	Laplace	Théorie de l'action capillaire (Paris)
	Méchain et Deslambre	La base du système métrique décimale (3 Bde., Paris)
	Ritter	Physisch-chemische Abhandlungen (2 Bde., Leipzig)
1807	Young	A course of lectures on natural philosophy (2 Bde., London)
1808	Dalton	A new system of chemical philosophy (London)
	Humboldt	Ansichten der Natur (2 Bde., Tübingen)
1809	Gauss	Theoria motus corporum coelestium (Gotha)
1810	Goethe	Zur Farbenlehre (2 Bde., Tübingen)
1811	Poisson	Traité de mécanique (2 Bde., Paris)
1812	Davy	Elements of chemical philosophy (London)
1813	Brewster	Treatise on new philosophical instruments (Edinburg)
	Rumford	Recherches sur la chaleur développé dans la combustion etc. (Paris)
1814	Laplace	Essai philosphique sur les probabilités (Paris)
1816	Biot	Traité de physique expérimental et mathematique (Paris)
	Volta	Opere, ed. Antinori (5 Bde., Florenz)

1817	Chladni	Neue Beiträge zur Akustik (Leipzig)
1819	Brewster	Treatise on the kaleidoskope (Edinburgh)
	Chladni	Über Feuermeteore und die mit denselben herabgefallenen Massen (Wien)
	Hansteen	Untersuchungen über den Magnetismus der Erde (Christiania)
1822	Ampère	Receuil d'observations électrodynamiques (Paris)
	Fourier	Théorie analytique de la chaleur (Paris)
1824	Ampère	Précis de la théorie des phénomènes electrodynamiques (Paris)
	Biot-Fechner	Lehrbuch der Experimentalphysik (5 Bde., Leipzig)
	Carnot	Réflexions sur la puissance motrice du feu et les machines propres à développer cette puissance (Paris)
1825	Gehler	Physikalisches Wörterbuch, neu bearbeitet von Brandes, Gmelin, Horner, Muncke, Pfaff (24 Bde., Leipzig)
	Gebr. Weber	Die Wellenlehre auf Experimente gegründet (Leipzig)
1826	Ampère	Théorie des phénomènes electrodynamiques (Paris)
	Bessel	Untersuchungen über die Länge des einfachen Sekundenpendels (Berlin)
	Poncelet	Cours de mécanique (Metz)
1827	Moebius	Der baryzentrische Kalkül (Leipzig)
	Ohm	Die galvanische Kette, mathematisch bearbeitet (Berlin)
	Pouillet	Elements de physique et de météorolgie (2 Bde., Paris, später: Müller-Pouillet, gegenwärtig: Pfaundler, Lehrbuch der Physik, Braunschweig)
1828	Green	An essay on the application of mathematical analysis to electricity and magnetisme (Nottingham)
1829	Coriolis	Traité de mécanique (Paris)
1830	Gauss	Principia gen. theoriae figurae fluidorum in statu aequilibrii (Göttingen)
	Littrow	Dioptrik (Wien)
	Lobatschewski	Prinzipien der Geometrie
1831	Faraday	Experimental researches in electricity (3 Bde., London)
	Fechner	Maßbestimmungen über die galvanische Kette (Leipzig)
	Poisson	Nouvelle théorie de l'action capillaire (Paris)
1832	Brewster	Treatise on optics (2 Bde., London)

1833	*Gauss*	Intensitas vis magneticae terrestris, ad mensuram absolutam revocata (Göttingen)
1834	*Ampère*	Essai sur la philosophie des sciences (Paris)
	A. C. Becquerel	Traité d'électricité et de magnetisme (7 Bände, Paris)
	Poinsot	Théorie nouvelle de la rotation des corps (Paris)
1835	*Coriolis*	Théorie math. des effets du jeu de billard (Paris)
	Frankenheim	Die Lehre von der Kohäsion (Breslau)
	Schwerd	Die Beugungserscheinungen (Mannheim)
1837	*Moebius*	Lehrbuch der Statik (Leipzig)
	Mossotti	Sur les forces qui régissent la constitution intérieur des corps (Turin)
	Whewell	History of the inductive sciences (3 Bände, London)
1839	*Gauss*	Allgemeine Theorie des Erdmagnetismus (Göttingen)
	Gauss	Allgemeine Lehrsätze in Bezug auf die im umgekehrten Verhältnis des Quadrats der Entfernung wirkenden Anziehungs- und Abstoßungskräfte (Göttingen)
	Poisson	Recherches sur le mouvement des projectiles dans l'air (Paris)
1840	*Gauss* u. *Weber*	Atlas des Erdmagnetismus (Leipzig)
	W. Weber	Elektrodynamische Maßbestimmungen (Leipzig, später mehrere Fortsetzungen)
1841	*Gauss*	Dioptrische Untersuchungen (Göttingen)
	Lloyd	Lectures on the Wavetheory of light (Dublin)
	Matteucci	Lezioni di fisica (2 Bde., Pisa)
1845	*Berghaus*	Physikalischer Atlas (2 Bde., Gotha; ganz neu gearbeitete Ausgabe 1891)
	Duhamel	Cours de mécanique (2 Bde., Paris)
	Holtzmann	Über die Wärme und Elastizität der Gase und Dämpfe (Mannheim)
	Humboldt	Kosmos, Entwurf einer physikalischen Weltbeschreibung (4 Bde., Stuttgart)
	Rob. Mayer	Die organische Bewegung im Zusammenhange mit dem Stoffwechsel (Heilbronn)
1846	*Weisbach*	Lehrbuch der Ingenieur- und Maschinen-Mechanik (Braunschweig)
1847	*E.* u. *A. Becquerel*	Elements de météorolgie et de physique terrestre (Paris)
	Grove	The correlation of physical forces (London)
	Helmholtz	Über die Erhaltung der Kraft (Berlin)
1884	*Bessel*	Populäre Vorlesungen über wissenschaftliche Gegenstände (Hamburg)
	Rob. Mayer	Beiträge zur Dynamik des Himmels (Heilbronn)

1849	*Lamont*	Handbuch des Erdmagnetismus (Berlin)
1851	*Rob. Mayer*	Bemerkungen über das mechanische Äquivalent der Wärme (Heilbronn)
1852	*Lamé*	Leçons sur la théorie mathématique de l'élasticité des corps solides (Paris)
1853	*Beer*	Einleitung in die höhere Optik (Braunschweig)
	Dove	Darstellung der Farbenlehre und optische Studien (Berlin)
	Hamilton	Lectures on quaternions (London)
	Riess	Die Lehre von der Reibungselektrizität (2 Bde., Berlin)
1854	*Arago*	Oeuvres complètes (18 Bde., Paris)
	Beer	Grundriß des photometrischen Kalküls (Braunschweig)
	Poggendorff	Biographisch-literarisches Handwörterbuch zur Geschichte der exakten Wissenschaften, fortgesetzt von *Oettingen* (6 Bde., Leipzig)
	De la Rive	Traité d'électricité théorique et appliquée (3 Bde., Paris)
1855	*A. u. E. Becquerel*	Traité d'électricité et de magnetisme (3 Bde., Paris)
	Fechner	Über die physikalische und philosophische Atomenlehre (Leipzig)
	Weissbach	Die experimentelle Hydraulik usw. (Freiberg)
	Zamminer	Die Musik und die musikalischen Instrumente (Giessen)
1856	*Brewster*	The stereoskope, its history, theory and construction (London)
	Krönig	Grundzüge einer Theorie der Gase (Berlin)
1857	*Bunsen*	Gasometrische Methoden (Braunschweig)
	Dove	Das Gesetz der Stürme (Berlin)
1858	*Billet*	Traité d'optique physique (2 Bde., Paris)
	Jamin	Cours de physique (3 Bde., Paris)
	Mousson	Die Physik auf Grundlage der Erfahrung (3 Bde., Zürich)
1859	*Zeuner*	Grundzüge der mechanischen Wärmetheorie (Leipzig)
1861	*Bruns*	Die astronomische Strahlenbrechung in ihrer historischen Entwicklung (Leipzig)
	Kirchhoff	Untersuchungen über das Sonnenspektrum und die Spektren der chemischen Elemente (Berlin)
	Lamé	Leçons sur la théorie analytique de la chaleur (Paris)
1862	*Clebsch*	Theorie der Elastizität fester Körper (Leipzig)
	Hirn	Exposé analyt. et expér. de la théorie mécanique de la chaleur (Paris)

1862	*Wüllner*	Lehrbuch der Experimentalphysik (Leipzig)
1863	*Helmholtz*	Die Lehre von den Tonempfindungen (Braunschweig)
	Tyndall	Heat a mode of motion (London)
	Wiedemann	Die Lehre vom Galvanismus und Elektromagnetismus (2 Bde., Braunschweig, später erweitert zu einer Lehre von der Elektrizität und dem Magnetismus)
1864	*Melde*	Die Lehre von den Schwingungskurven (Marburg)
1865	*Beer*	Einleitung in die Elektrostatik, Magnetik und Elektrodynamik (Braunschweig, herausg. von *Plücker*)
1866	*Fresnel*	Oeuvres complètes (3 Bde., Paris)
	Jacobi	Vorlesungen über Dynamik (herausg. von *Clebsch*, Berlin)
1867	*E. Becquerel*	La lumière, ses causes et ses effets (2 Bde., Paris)
	Helmholtz	Handbuch der physiologischen Optik (Leipzig)
	Lamont	Handbuch des Magnetismus (Leipzig)
	Rob. Mayer	Die Mechanik der Wärme (Stuttgart)
	Thomson u. Tait	A Treatise on natural philosophy (Oxford)
	Tyndall	On sound (London)
1868	*Airy*	On sound and atmospheric vibrations (London)
	Tait	Scetch of thermodynamics (Edinburgh)
1869	*Beer*	Einleitung in die mathematische Theorie der Elastizität und Kapillarität (herausg. von *Giesen*, Braunschweig)
	Kohlrausch	Leitfaden der praktischen Physik (später geteilt in einen Leitfaden und ein Lehrbuch; Leipzig)
	Riemann	Partielle Differentialgleichungen und ihre Anwendung auf physikalische Fragen (herausg. von *Hattendorff*, später in bedeutend erweiterter Form von *H. Weber*)
	Verdet	Leçons d'optique physique (2 Bde., Paris)
1871	*Airy*	Treatise on magnetisme (London)
	Bauschinger	Elemente der graphischen Statik (München)
	Green	Mathematical papers (London)
	Maxwell	Theory of heat (London)
	Tyndall	Fragments of science (London)
1872	*Joule*	Das mechanische Wärmeäquivalent (herausg. von *Sprengel*, Braunschweig)
	Tyndall	Forms of water in clouds, ice etc. (London)
1873	*Bashforth*	Mathematical treatise on the motion of projectiles (London)

1873	*Dühring*	Kritische Geschichte der allgemeinen Prinzipen der Mechanik (Berlin)
	Mach	Optisch-akustische Versuche (Prag)
	Maxwell	A treatise on electricity and magnetism (2 Bde., Oxford)
	Plateau	Statique exp. et théor. des liquides soumis aux seules forces moléculaires (Gand)
	Resal	Traité de mécanique générale (6 Bde., Paris)
	Todhunter	A history of attraction and the figure of the earth (2 Bde., London)
	van der Waals	Die Kontinuität des flüssigen und gasförmigen Zustandes (Leiden)
1874	*Bezold*	Farbenlehre im Hinblick auf Kunst und Kunstgewerbe (Braunschweig)
	Edlund	Théorie des phénomènes électriques (Stockholm)
1875	*Lommel*	Die Interferenz des gebeugten Lichtes (Erlangen)
	Neumayer	Anleitung zu wissenschaftlichen Beobachtungen auf Reisen (Berlin)
1876	*Bosanquet*	Elementary treatise on musical intervals and temperament (London)
	Clausius	Die mechanische Wärmetheorie (2 Bde., Braunschweig)
	Dirichlet	Vorlesungen über die im umgekehrten Quadrat der Entfernung wirkenden Kräfte (herausg. von *Grube*, Leipzig)
	Gibbs	Thermodynamische Studien (Newhaven)
	Kirchhoff	Vorlesungen über mathematische Physik (4 Bde., Leipzig; I: Mechanik. — II: Optik, herausg. von *Hensel*, 1891. — III: Elektrizität und Magnetismus, herausg. von *Planck*, 1891. — IV: Wärme, herausg. von *Planck*, 1894)
	Mascart	Traité d'électricité statique (2 Bde., Paris)
	Maxwell	Matter and motion (London)
	Riemann	Schwere, Elektrizität und Magnetismus (herausg. von *Hattendorf*, Braunschweig)
	Tait	Lectures on some recent advances in physical science (London)
1877	*Airy*	Undulatory theory of optics (London)
	Ferraris	Proprietà degli istrumenti diottrici (Turin)
	Lloyd	Miscellaneous papers (London)
	Matthiessen	Grundriß der Dioptrik geschichteter Linsensysteme (Leipzig)
	O. E. Meyer	Die kinetische Theorie der Gase (Breslau)
	C. Neumann	Untersuchungen über das logarithmische und Newtonsche Potential (Leipzig)

1877	C. Neumann	Die elektrischen Kräfte (Leipzig)
	Rayleigh	Theory of sound (2 Bde., London)
	Rühlmann	Handbuch der mechanischen Wärmetheorie (2 Bde., Braunschweig)
	Zeuner	Grundzüge der mechanischen Wärmetheorie (Leipzig)
1878	Draper	Scientific memoirs (NewYork)
	Foucault	Receuil des traveaux scientifiques (herausg. von Gariel, Paris)
	Gore	The art of scientific discovery (London)
	Marey	La méthode graphique dans les sciences expérimentales (Paris)
	Pictet	Mémoire sur la liquéfaction des gaz (Genf)
1879	Betti	Teoria delle forze newtoniane e sue applicazioni all' ellettricità e al magnetismo (Pisa)
	Cavendish	Electrical researches from 1771—1781 (herausg. von Maxwell, Cambridge)
	Everett	Units and physical constants (London)
	Isenkrahe	Das Rätsel von der Schwerkraft (Braunschweig)
	Lamb	Hydrodynamics, a treatise on the theory of the motion of fluids (Cambridge)
	Landolt	Das optische Drehungsvermögen organischer Substanzen (Braunschweig)
	Lockyer	Studien zur Spektralanalyse (Leipzig)
	Mallard	Traité de crystallographie géométrique et physique (Paris)
	Planté	Recherches sur l'électricité (Paris)
	Pochhammer	Untersuchungen über das Gleichgewicht des elastischen Stabs (Kiel)
	Poggendorff	Geschichte der Physik, Vorlesungen (Leipzig)
	Sohncke	Entwicklung einer Theorie der Kristallstruktur (Leipzig)
1880	Goldstein	Eine neue Form elektrischer Abstoßung (Berlin)
	Gordon	A phys. treatise ou electricity and magnetism (2 Bde., London)
	Herwig	Physikalische Begriffe und absolute Maße (Leipzig)
	Kelvin	Elasticity and heat (Edinburgh)
	La Cour	Das phonische Rad (Leipzig)
	MacCullagh	Collected works (Dublin)
	Marie	Histoire des sciences math. et physiques (12 Bde., Paris)
	Saalschütz	Der belastete Stab unter Wirkung einer seitlichen Kraft (Leipzig)
	Stokes	Math. and physical papers (3 Bde., Cambridge)
1880	Auerbach	Die theoretische Hydrodynamik (Braunschweig)
	Liebisch	Geometrische Kristallographie (Leipzig)

1881	F. Neumann	Vorlesungen über die Theorie des Magnetismus (Leipzig)
	Werner Siemens	Gesammelte Abhandlungen (Berlin)
	Weinhold	Physikalische Demonstrationen (Leipzig)
1882	Dippel	Das Mikroskop (Braunschweig)
	Heller	Geschichte der Physik (2 Bde., Stuttgart)
	Helmholtz	Wissenschaftliche Abhandlungen (3 Bde., Leipzig)
	Holzmüller	Einführung in die Theorie der isogonalen Verwandtschaft (Leipzig)
	Kelvin	Math. and physical papers (Edinburgh)
	Kirchhoff	Gesammelte Abhandlungen (mit Nachtrag, Leipzig)
	R. König	Quelques expériences d'acoustique (Paris)
	Rosenberger	Geschichte der Physik (3 Bde., Braunschweig)
	J. Thomsen	Thermochemische Untersuchungen (4 Bde., Leipzig)
1883	Graetz	Die Elektrizität und ihre Anwendungen (Stuttgart)
	Kayser	Lehrbuch der Spektralanalyse (Berlin)
	Landolt und Börnstein	Physikalisch-chemische Tabellen (Berlin)
	Mach	Die Mechanik in ihrer historischen Entwicklung (Leipzig)
	Mascart und Joubert	Traité de l'électricité et du magnetisme (2 Bde., Paris)
	C. Neumann	Hydrodynamische Untersuchungen (Leipzig)
	F. Neumann	Einleitung in die theoretische Physik (Leipzig)
	Streintz	Die physikalischen Grundlagen der Mechanik (Leipzig)
	Stumpf	Tonpsychologie (2 Bde., Leipzig)
	Tumlirz	Die elektromagnetische Theorie des Lichts (Leipzig)
	J. J. Thomson	A treatise on the motion of vortex rings (London)
	Violle	Cours de physique (4 Bde., Paris)
1884	Coulomb	Mémoirs (Paris)
	Günther	Lehrbuch der Geophysik (2 Bde., Stuttgart)
	Helmert	Die mathematischen und physikalischen Theorien der höheren Geodäsie (2 Bde., Leipzig)
	Helmholtz	Vorträge und Reden (2 Bde., Braunschweig)
	Joule	Scientific papers (2 Bde., London)
	Kelvin	Collected papers on electrostatics and magnetism (London)
	Mallard	Cristallographie géométrique et physique (2 Bde., Paris)
	Matthieu	Théorie du potentiel (Paris)

1884	*F. Neumann*	Vorlesungen über elektrische Ströme (herausg. von *Mühll*, Leipzig)
	Resal	Traité de physique mathématique(2 Bde., Paris)
	Routh	Dynamics of a system of rigid bodies (London)
	Saint-Venant	Théorie de l'élasticité des corps solides (nach *Clebsch*, mit eignen Noten; Paris)
	Stokes	On light (London)
	Weyrauch	Theorie elastischer Körper (Leipzig)
1885	*Boussinesq*	Application des potentiels à l'étude des solides élastiques (Paris)
	Faye	Sur l'origine du monde; théories cosmogoniques anciennes et modernes (Paris)
	Glazebrook and *Shaw*	Practical physics (London)
	Groth	Grundriß der physikalischen Kristallographie (Leipzig)
	Ketteler	Theoretische Optik (Braunschweig)
	Mach	Die Analyse der Empfindungen und das Verhältnis des Physischen zum Psychischen (Jena)
	F. Neumann	Vorlesungen über die Theorie der Elastizität (herausg. von *O. E. Meyer*, Leipzig)
	F. Neumann	Vorlesungen über theoretische Optik (herausg. von *Dorn*, Leipzig)
	Will. Siemens	Über die Erhaltung der Sonnenenergie (Berlin)
	Sohncke	Der Ursprung der Gewitterelektrizität usw. (Jena)
	Sprung	Lehrbuch der Meteorologie (Hamburg)
	Tait	Properties of matter (London)
	Zanon	Analisi delle ipotesi fisiche (Venedig)
	Zwerger	Die lebendige Kraft und ihr Maß (München)
1886	*Dippel*	Handbuch der allgemeinen Mikroskopie (2 Bde., Braunschweig)
	Duhem	Le potentiel thermodynamique (Paris)
	Lange	Die geschichtliche Entwicklung des Bewegungsbegriffs (Leipzig)
	Todhunter and *Pearson*	History of the theory of elasticity and the strength of materials (3 Bde., London)
	Weinstein	Handbuch der physikalischen Maßbestimmungen (2 Bde., Berlin)
1887	*Ayrton*	Practical electricity, a laboratory and lecture course (London)
	Bertrand	Thermodynamique (Paris)
	Clifford	Elements of dynamics; Kinematics (London)
	Heath	A treatise on geometrical optics (Cambridge)
	Helm	Die Lehre von der Energie, historisch-kritisch entwickelt (Leipzig)

1887	Ibbetson	An elem. treatise on the math. theory of perfectly elastic solids (London)
	Planck	Das Prinzip der Erhaltung der Energie (Leipzig)
1888	Basset	A treatise on hydrodynamics, with numerous examples (2 Bde., Cambridge)
	Eder	Ausführliches Handbuch der Photographie (4 Bde., Halle)
	Fraunhofer	Gesammelte Schriften (herausg. von Lommel, München)
	Gray	The theory and practice of absolute measurements in electricity and magnetism (2 Bde., London)
	Ostwald	Klassiker der exakten Wissenschaften (Leipzig)
	Rausenberger	Lehrbuch der analytischen Mechanik (2 Bde., Leipzig)
	Rowland	Atlas des Sonnenspektrums (Baltimore)
	J. J. Thomson	Application of dynamics to physics (London)
	Yarkowski	Hypothèse cinétique de la gravitation (Moskau)
1889	Andrews	The scientific papers (herausg. von Tait, London)
	Guillaume	Traité pratique de la thermométrie de précision (Paris)
	Huygens	Oeuvres complètes (10 Bde., Haag)
	Kelvin	Popular lectures and adresses (3 Bde., London)
	O. Lehmann	Molekularphysik, mit besonderer Berücksichtigung mikroskopischer Untersuchungen (2 Bde., Leipzig)
	Lilienthal	Der Vogelflug als Grundlage der Fliegekunst (Berlin)
	Lodge	Modern views of electricity (London)
	Mascart	Traité d'optique (3 Bde., Paris)
	Poincaré	Théorie mathematique de la lumière (Paris)
	Vogel	Praktische Spektralanalyse irdischer Stoffe (2 Bde., Berlin)
	Voigt	Elementare Mechanik (Leipzig)
	Wald	Die Energie und ihre Entwertung (Leipzig)
1890	Boys	Soap bubbles and the forces which mould them (London)
	Budde	Allgemeine Mechanik der Punkte und starren Systeme (2 Bde., Berlin)
	Gérard	Leçons sur l'électricité (2 Bde., Paris)
	Jellet	Die Theorie der Reibung (Leipzig)
	Lasswitz	Geschichte der Atomistik (2 Bde., Hamburg)
	Marey	Le vol des oiseaux (Paris)
	Maxwell	Scientific papers (2 Bde., Cambridge)
	Poincaré	Electricité et optique (2 Bde., Paris)

1890	*W. Weber*	Werke (herausg. von der Gesellschaft der Wissenschaft in Göttingen; 7 Bde., Berlin)
	Wiedemann u. *Ebert*	Physikalisches Praktikum (Braunschweig)
1891	*Abney*	Colour measurement and mixture (London)
	Boltzmann	Vorlesungen über Maxwells Theorie der Elektrizität (2 Bde., Leipzig)
	Chappuis et *Berget*	Leçons de physique générale (4 Bde., Paris)
	Czuber	Theorie der Beobachtungsfehler (Leipzig)
	Duhem	Hydrodynamique, élasticité, acoustique (2 Bde., Paris)
	Duhem	Leçons sur l'électricité et le magnétisme (3 Bde., Paris)
	Krüss	Kolorimetrie und quantitative Spektralanalyse (Leipzig)
	Langley	Experiments in aerodynamics (Washington)
	Liebisch	Physikalische Kristallographie (Leipzig)
	Neumayer	Atlas des Erdmagnetismus (Gotha)
	Pockels	Die Differentialgleichung $\triangle n + k^2 n = 0$ und ihr Auftreten in der mathematischen Physik (Leipzig)
	Schoenflies	Kristallform und Kristallstruktur (Leipzig)
	Steinheil und *Voit*	Handbuch der angewandten Optik (3 Bde., Leipzig)
	Volkmann	Vorlesungen über die Theorie des Lichts (Leipzig)
1892	*Barus*	Die physikalische Behandlung und Messung hoher Temperaturen (Leipzig)
	Basset	A treatise on physical optics (Cambridge)
	Ewing	Magnetic induction in iron and other metals (Cambridge)
	Fletcher	The optical indicatrix (London)
	Gibbs	Thermodynamische Studien (herausg. von *Ostwald*, Leipzig)
	Heaviside	Electrical papers (2 Bde., London)
	Hertz	Untersuchungen über die Ausbreitung der elektrischen Kraft (Leipzig)
	Heydweiller	Hilfsbuch für die Ausführung elektrischer Messungen (Leipzig)
	Kelvin	Math. and physical papers (4 Bde., Cambridge)
	H. A. Lorentz	La théorie électromagnétique de Maxwell (Leiden)
	Love	A treatise on the mathematical theory of elasticity (2 Bde., Cambridge)
	Ohm	Gesammelte Abhandlungen (herausg. von *Lommel*, Leipzig)

1892	Poincaré	Thermodynamique (herausg. von *Blondin*, Paris)
	Poincaré	Leçons sur la théorie de l'élasticité (Paris)
	Routh	A treatise on analytical statics (2 Bde., Cambridge)
	Zellner	Vorträge über Akustik (2 Bde., Wien)
1893	Appell	Triaté de mécanique rationelle (3 Bde., Paris)
	Czapski	Theorie der optischen Instrumente nach Abbe (Breslau)
	Guillaume	Unités et étalons (Paris)
	Heaviside	Electromagnetic theory (2 Bde., London)
	Lommel	Lehrbuch der Experimentalphysik (Leipzig)
	Rob. Mayer	Kleinere Schriften und Briefe (herausg. von *Weyrauch*, Stuttgart)
	Nernst	Theoretische Chemie vom Standpunkte der Avogadroschen Regel und der Thermodynamik (Stuttgart)
	Planck	Grundriß der allgemeinen Thermochemie (Breslau)
	Poincaré	Théorie des tourbillons (Paris)
	J. J. Thomson	Notes on some recent researches in electricity and magnetisme (Oxford)
1894	Bach	Elastizität und Festigkeit (Berlin)
	du Bois	Magnetische Kreise (Berlin)
	Cesáro	Intr. alla teoria della elasticità (Turin)
	Drude	Physik des Äthers auf elektromagnetischer Grundlage (Stuttgart)
	Föppl	Einführung in die Maxwellsche Theorie der Elektrizität (Leipzig)
	Greenhill	A treatise on hydrostatics (London)
	Hertz	Die Prinzipien der Mechanik in neuem Zusammenhange dargestellt (Leipzig)
	Korn	Theorie der Gravitation und der elektrischen Erscheinungen aufGrund der Hydrodynamik (Berlin)
	Poincaré	Les oscillations électriques (Paris)
	Poynting	The mean density of the earth (London)
	Warburg	Lehrbuch der Experimentalphysik (Freiburg)
	Williamson	Intraduction .in the mathematical theory of stress and strain (London)
1895	Faccioli	Teoria del volo e della navigazione aeria (Mailand)
	Grunmach	Lehrbuch der elektrischen und magnetischen Maßeinheiten, Meßmethoden und Meßapparate (Stuttgart)
	Hertz	Schriften vermischten Inhalts (herausg. von *Lenard*, Leipzig)

1895	*H. A. Lorentz*	Versuch einer Theorie der elektrischen und optischen Erscheinungen in bewegten Körpern (Leiden)
	Poincaré	Théorie analytique de la propogation de la chaleur (Paris)
	Rosenberger	Isaac Newton und seine physikalischen Prinzipien (Leipzig)
	Tesla	Untersuchungen über Mehrphasenströme(Halle)
	J. J. Thomson	Elements of the mathematical theory of electricity and magnetism (Cambridge)
	Voigt	Kompendium der theoretischen Physik (2 Bde., Leipzig)
1896	*Crantz*	Kompendium der theoretischen äußeren Ballistik (Leipzig)
	Ebert	Magnetische Kraftfelder (Leipzig)
	Helmholtz	Vorlesungen über theoretische Physik (6 Bde., Leipzig)
	Leblanc	Lehrbuch der Elektrochemie (Leipzig)
	Loessl	Die Luftwiderstandsgesetze, der Fall durch die Luft und der Vogelflug (Wien)
	L. Lorenz	Oeuvres scientifiques (herausg. von *Valentiner*, 2 Bde., Kopenhagen)
	Mach	Die Prinzipien der Wärmelehre, historisch-kritisch dargestellt (Leipzig)
	Mach	Populär-wissenschaftliche Vorlesungen (Leipzig)
	C. Neumann	Allgemeine Untersuchungen über das Newtonsche Prinzip der Fernwirkungen usw. (Leipzig)
	Plücker	Gesammelte wissenschaftliche Abhandlungen (2 Bde., Leipzig)
	Reiff	Theorie molekular-elektrischer Vorgänge (Freiburg)
	Riecke	Lehrbuch der Experimentalphysik (2 Bde., Leipzig)
	Volkmann	Erkenntnistheoretische Grundzüge der Naturwissenschaften (Leipzig)
	Winkelmann u. Andere	Handbuch der Physik (3 Bde., Breslau; 2., stark erweiterte Auflage in 6 Bdn. Leipzig 1904 f.)
1897	*Boltzmann*	Vorlesungen über die Prinzipe der Mechanik (2 Bde., Leipzig)
	Föppl	Vorlesungen über technische Mechanik (4 Bde., Leipzig)
	Föppl	Die Geometrie der Wirbelfelder (Leipzig)
	Gray	A Treatise on magnetism and electricity (2 Bde., London)

1897	Hessel	Kristallometrie usw. (aus *Gehlers* Wörterbuch 1829; Leipzig)
	Klein und *Sommerfeld*	Die Theorie des Kreisels (3 Bde., Leipzig)
	Lummer	Lehrbuch der Optik (Bd. 2 von *Pfaundler,* Lehrbuch der Physik; Braunschweig)
	Planck	Vorlesungen über Thermodynamik (Leipzig)
	Righi	L'ottica delle oscillazioni elettriche (Bologna)
	Wallentin	Lehrbuch der Elektrizität und des Magnetismus (Stuttgart)
1898	*Berthelot*	Thermochimie (2 Bde., Paris)
	Boltzmann	Vorlesungen über Gastheorie (Leipzig)
	Buetschli	Untersuchungen über Strukturen (Leipzig)
	Chwolson	Lehrbuch der Physik (5 Bde., St. Petersburg)
	Darwin	Tides and kindred phenomena (London)
	Helm	Die Energetik (Leipzig)
	Holtzmüller	Das Potential und seine Anwendung (Leipzig)
	Klein u. A.	Enzyklopädie der mathematischen Wissenschaften mit Einschluß ihrer Anwendungen (13 Bde., Leipzig)
	Kohlrausch u. *Holborn*	Das Leitvermögen der Elektrolyte (Leipzig)
	O. Lehmann	Die elektrischen Lichterscheinungen (Halle)
	Routh	A treatise on dynamics of a particle (Cambridge)
	Voigt	Die fundamentalen wissenschaftlichen Eigenschaften der Kristalle (Leipzig)
1899	*Auerbach*	Kanon der Physik (Leipzig)
	Burbury	A treatise on the kinetic theory of gases (Cambridge)
	Cotton	Le phénomène de Zeeman (Paris)
	Gerland und *Traumüller*	Geschichte der physikalischen Experimentierkunst (Leipzig)
	Korn	Lehrbuch der Potentialtheorie (Berlin)
	Poincaré	Cinématique et Mécanismes (Paris)
	Rayleigh	Scientific papers (4 Bde., Cambridge)
	Rohr	Theorie und Geschichte des photographischen Objektivs (Berlin)
	Scheiner	Strahlung und Temperatur der Sonne (Leipzig)
	Traube	Gesammelte Abhandlungen (Berlin)
	Wiechert	Die Grundlagen der Elektrodynamik (Leipzig)
1900	*Assmann* u. A.	Wissenschaftliche Luftfahrten (3 Bde., Berlin)
	Ball	A Work on the theory of screws (Cambridge)
	Bjerknes	Vorlesungen über hydrodynamische Fernkräfte (2 Bde., Leipzig)
	Cohn	Das elektromagnetische Feld (Leipzig)
	Drude	Lehrbuch der Optik (Leipzig)

1900	*Gulstrand*	Allgemeine Theorie der monoċhromatischen Aberration (Upsala)
	Hollard	La théorie des ions et l'électrolyse (Paris)
	Hovestadt	Jenaer Glas und seine Verwendung in Wissenschaft und Technik (Jena)
	Kayser	Handbuch der Spektroskopie (5 Bde., Leipzig)
	Larmor	Ether and matter (Cambridge)
	Mascart	Traité de magnétisme terrestre (Paris)
	Reynolds	Papers on mechanical and physical subjects (2 Bde., Cambridge)
	Volkmann	Einführung in das Studium der theoretischen Physik (Leipzig)
	Walker	Aberration and some other problems (Cambridge)
	Weinstein	Die Erdströme mit Atlas (Braunschweig)
	W. Wien	Lehrbuch der Hydrodynamik (Leipzig)

III.

Tafel ausgewählter Physiker
mit Angabe von Geburts- und Todesjahr.

?560	Pythagoras	490	1601	Kircher	1680
?480	Empedokles	420	1602	Guericke	1686
?450	Demokrit	362	1608	Borelli	1679
429	Platon	348	1618	Grimaldi	1663
?400	Archytas	335	1620	Mariotte	1682
384	Aristoteles	222	1622	Viviani	1703
?330	Euklid	280	1623	Pascal	1662
287	Archimedes	212	1627	Boyle	1691
?150	Ktesibios	80	1629	Huygens	1695
?130	Heron	75	1635	Hooke	1703
23	Plinius	79	1640	Hawksbee	1713
970	Alhazen	1038	1642	Newton	1726
1452	Lionardo da Vinci	1519	1646	Leibniz	1716
1473	Kopernikus	1543	1647	Papin	1714
1489	Hartmann	1564	1653	Sauveur	1714
1494	Maurolykos	1575	1654	Jac. Bernoulli	1705
1540	Gilbert	1603	1654	Varignon	1722
1548	Stevin	1620	1663	Amontons	1705
1561	Francis Bacon	1626	1667	Joh. Bernoulli	1748
1564	Galilei	1642	1683	Réaumur	1757
1571	Kepler	1630	1685	Taylor	1731
1575	Scheiner	1650	1686	Fahrenheit	1736
1581	Maupertuis	1630	1688	's Gravesande	1742
1588	Mersenne	1648	1692	Bradley	1762
1591	Snellius	1626	1692	Muschenbroek	1761
1592	Gassend	1655	1692	Tartini	1770
1596	Descartes	1650	1698	Maclaurin	1746

1698	Bouguer	1758	1753	Nicholson	1815
1700	Dan. Bernoulli	1782		Rumford	1814
1701	Celsius	1744	1756	Chladni	1827
1704	Segner	1777		Gerstner	1832
1706	Franklin	1790	1764	Erman	1851
1707	Euler	1783		Eytelwein	1848
1711	Richman	1753	1765	Bohnenberger	1831
	Boscovich	1787		Ivory	1842
1713	Clairault	1765	1766	Dalton	1844
1715	Leidenfrost	1794		Leslie	1832
1717	D'Alembert	1788		Wollaston	1828
1716	Beccaria	1781	1767	Saussure	1845
1718	Canton	1772	1768	Fourier	1830
1724	Aepinus	1802	1769	Humboldt	1859
	Kant	1804	1770	Th. Seebeck	1831
	Lesage	1803	1773	Pfaff	1852
1728	Black	1799		Young	1829
	Lambert	1777	1774	Biot	1862
1730	F. Fontana	1805	1775	Ampère	1836
	Ingenhuss	1799		Hällström	1844
1731	Cavendish	1810		Malus	1812
1732	Wilcke	1796	1776	Avogadro	1856
1733	Borda	1799		Ritter	1810
	Priestley	1804	1777	Benzenberg	1846
1735	G. Fontana	1803		Brandes	1834
1736	Coulomb	1806		Cagniard de la Tour	1859
	Lagrange	1813		Gauss	1855
	Romé de Lisle	1790		Oersted	1851
	Watt	1819		Poinsot	1859
1737	Galvani	1798	1778	Davy	1829
1740	Montgolfier	1810		Gay-Lussac	1850
1743	Hauy	1822	1779	Berzelius	1848
	Lavoisier	1794		Schweigger	1857
1744	Lichtenberg	1799	1780	Ritchie	1837
1745	Volta	1827	1781	Brewster	1868
1746	Charles	1823		Plana	1864
1749	Laplace	1727		Poisson	1840
1752	T. Mayer	1830	1784	Bessel	1846
1753	Achard	1821		Hansteen	1873

1784	Nobili	1835	1799	Poiseuille	1869
1785	Dulong	1838	1800	Lloyd	1881
	Grotthuss	1822		Talbot	1877
	Navier	1836	1801	Airy	1892
	Peltier	1845		Fechner	1887
1786	Arago	1853		Frankenheim	1869
	Amici	1863		Jacobi, M.	1874
1787	Daguerre	1851		Plateau	1883
	Fraunhofer	1826		Pluecker	1868
	Ohm	1854		de la Rive	1873
1788	A. C. Becquerel	1878	1802	Colladon ?	1892
	Fresnel	1827		Magnus	1870
	Pohl	1849		Wheatstone	1875
	Poncelet	1867	1803	Doppler	1853
1790	Daniell	1845		Dove	1879
	Möbius	1868	1804	Jacobi, C. F.	1851
	Pouillet	1868		Lenz	1865
1791	Faraday	1867		Riess	1883
	Savart	1848	1805	Dirichlet	1859
1792	Coriolis	1843		Graham	1869
	Despretz	1863		Lamont	1879
	J. Herschel	1871		Mousson	1890
1793	Chasles	1880		A. Seebeck	1849
	Green	1841	1806	Masson	1860
1794	Babinet	1872		Svanberg	1857
1795	August	1870	1807	Petzval	1891
	Lamé	1870	1808	Listing	1882
	Morin	1880		Sénarmot	1862
1796	Carnot	1832	1809	Forbes	1868
	Poggendorff	1877		Glaisher	1903
	Quetelet	1874		Grassmann	1877
1797	Duhamel	1872		Jolly	1884
	Gassiot	1877		Kohlrausch, R.	1858
	Hagen	1884		Mac Cullagh	1847
	Henry	1878	1810	Kummer	1893
	Saint Venant	1886		Regnault	1878
1798	Melloni	1854	1811	Bravais	1863
	F. Neumann	1895		Bunsen	1899
1799	Clapeyron	1864		Gaugain	1880

9*

1811	Grove	1896	1825	Beer	1863
	Matteucci	1868		Bjerknes	1903
1812	Reusch	1891	1826	Neumayer	1909
1813	Andrews	1885		Riemann	1866
	Favre	1880		Wiedemann	1899
1814	Ångström	1874		Thomsen	1909
	Hankel	1899	1827	Berthelot	1907
	Rob. Mayer.	1878	1828	Resal	1896
1815	Hirn	1890		Zeuner	1907
	Sondhauss	1886	1829	L. Lorenz	1891
	Wertheim	1867	1830	L. Matthiessen	1906
1816	We. Siemens	1892		Raoult	1901
1817	Desains	1885	1831	A. Matthiessen	1870
	Kopp	1892		Maxwell	1879
1818	Jamin	1886		Tait	1901
	Joule	1889	1832	Cailletet	1905
1819	Edlund	1888		Cazin	1877
	Felici	1902		Dufour	1892
	Fizeau	1896		R. König	1901
	Foucault	1868		Lipschitz	1903
	Stokes	1903		Melde	1901
1820	E. Becquerel	1891	1833	Clebsch	1872
	Knoblauch	1895		Jochmann	1871
	Rankine	1872	1834	O. E. Meyer	1909
	Tyndall	1893		Planté	1889
1821	Helmholtz	1894		Zöllner	1882
	Loschmidt	1895	1835	Beltrami	1900
1822	Beetz .	1886		Draper	1886
	Bertrand	1900		Stefan	1893
	Clausius	1888		Wüllner	1908
	Krönig	1879	1836	Ketteler	1900
	Lissajous	1880	1837	Bezold	1907
	Wi. Siemens	1883		Lommel	1899
	James Thomson	1892		Mascart	1908
1823	Paalzow	1906	1838	Zöppritz	1885
1824	Kelvin, Lord	1908	1839	Gibbs	1903
	Kirchhoff	1887		Kundt .	1894
	Quintus Icilius	1885	1840	Abbe	1905
	Verdet	1866		Kohlrausch, F.	1910

1841	Cornu	1902	1852	H. Becquerel	1909
1842	Sohncke	1897	1853	Klemenčič	1901
1844	Boltzmann	1906	1856	A. König	1901
1845	Wroblewski	1888	1857	Hertz	1894
1846	Oberbeck	1900		Joly	1908
	Pictet	1904	1860	Curie	1907
1847	Ferraris	1897	1861	Czapski	1907
1818	Rowland	1901	1863	Drude	1906

IV.

Alphabetisches Register zu Tafel I.

(Die Zahlen geben die Jahre an, die eingeklammerten Zahlen besagen mehr-
faches Vorkommen in demselben Jahre.)

Abbe 1870. 72 (2). 73 (2). 74 (2).
 78 (2). 81. 82. 86. 88. 89. 91.
 92. 97
Abdank 1886
Abegg 1891. 93
Abney 1876. 79
Abraham, H. 1899
Abraham, M. 1897
Abria 1843
Accademia del Cimento 1692
Adams 1750
Adams 1845
Adler 1889
Aepinus 1756
Airy 1825. 27 (2). 32. 34. 37. 39.
 45. 46. 56 (2)
Alberti 1447
Al Farisi 1280
Al Hazen 1000. 1020. 1030
Alibard 1752
Al Kazini 1121. 25
Allard 1882
Allen 1900
Amagat 1869. 73. 77. 80. 88. 93
Amici 1839. 40. 60.
Amontons 1699. 1703 (2)
Ampère 1820. 21 (3). 22. 32

Amsler 1853
Andrews 1869. 76.
Andronikos 100 v. C.
Angot 1874
Ångström, J. 1852. 67. 68. 75
Ångström, K. 1882. 85. 89. 92. 99
Anschütz 1882
Antolik 1874. 90
Appun 1887
Arago 1811. 13. 16. 17. 20. 24 (2).
 28. 47
Archimedes 275. 70. 60. 50. 40 v. C.
Archytas 390. 85. 80. v. C.
Aristarch 280 v. C.
Aristoteles 365. 60. 50 (3). 40.
 35 v. C.
Aristoxenos 350 v. C.
Armstrong 1845
Arnold 1897
Aron 1873. 88
Arons 1885. 86. 87. 88. 90. 91. 96
Arrhenius 1884 (3). 87. 88 (2).
 92. 97
Aschkinass 1894. 95. 97. 98. 1900
Assmann 1852
Assmann 1887
Atkinson 1827

Atwood 1784
Auer 1885. 98
Auerbach 1876. 78. 81. 82. 88.
  90. 92. 98
August 1825
Auzout 1667
Avenarius 1863
Avogadro 1811
Ayrton 1888 95

Babinet 1837. 39
Babo 1882
Bacon, F. 1605. 20
Bacon, R. 1267
Baille 1873. 82
Bakker 1900
Balard 1826
Ball 1882
Balmer 1885
Bancalari 1848
Barlow 1823 (2)
Barrett 1882
Bartholinus 1669
Barus 1885. 91
Baskara 1150
Bashforth 1883
Batelli 1890
Bauer 1880
Bauernfeind 1862
Baumeister 1883
Baumhauer 1879
Bauschinger 1868
Bazin 1879. 87
Beaumé 1768
Beccaria 1757. 68. 71
Becquerel, A. C. 1824. 26 (2).
  27. 37
Becquerel, E. 1839. 42 (2). 43.
  47. 50. 51. 53. 59 (2). 63. 70
Becquerel, H. 1870. 78. 96. 1900 (2)
Beek, van 1823
Beer 1852. 55 (2)
Beetz 1871. 80. 84
Behrens 1806
Bein 1892
Bell 1876. 78

Bellati 1883. 91
Belli 1831
Beltrami 1868. 71. 84
Benedetti 1585
Bennett 1786
Bénoit 1873
Benzenberg 1804. 09
Bérard 1812
Berliner 1877. 87
Bernoulli, D. 1736. 38 (3). 46.
  51. 53. 62
Bernoulli, Ja. 1689. 90. 92. 1705
Bernoulli, Jo. 1692. 93. 1709. 19
Berthelot 1875. 81
Bertin 1861
Berthollet 1803. 07
Berzelius 1803. 12
Bessel 1819. 25. 26. 35. 49
Bétancourt 1792. 95
Betti 1872
Bezold 1870. 84. 95
Bjerknes, C. 1863
Bjerknes, V. 1891. 92. 93
Billet 1858
Binet 1813. 51
Biot 1804. 10. 15 (2). 16 (3).
  20 (3)
Birkeland 1895. 96. 97
Black 1763. 74. 99
Blagden 1788
Blair 1791
Blathy 1882
Blondel 1893. 95
Blondlot 1881. 88. 91
Bodländer 1898
Boecklen 1882
Börgen 1885
Börnstein 1894
Bohnenberger 1811. 17. 18
Bois, du 1887 (2). 90 (2). 92. 94 (2).
  96. 97. 1900 (2)
Bois-Reymond, du 1869
Boltzmann 1865. 66 (2). 68. 70 (2).
  71. 72 (2). 73. 74 (2). 76. 77.
  79 (2). 80. 81. 82. 84. 85. 87.
  89. 90. 93. 98. 99
Borda 1788. 1810

Borelli 1666 (2). 70
Bosanquet 1875. 81
Bosschat 1854. 55
Boscovitsch 1759. 70
Bose 1744
Bose 1900
Bouguer 1729 (2). 40. 49. 60
Bourdon 1849. 50
Bourseul 1854
Boussinesq 1867. 68 (3). 70. 72. 87
Boyle 1660. 63. 65. 66. 68
Boyce 1887. 88. 89
Bradley 1728. 47
Bramah 1795
Branly 1890
Braun, C. 1897
Braun, F. 1875. 76. 78. 85. 91.
    97. 98
Braun 1759
Bravais 1848. 49. 51
Bredig 1894
Brewster 1813 (2). 15 (3). 17 (3).
    18 (2). 19. 34. 43. 49. 60
Brinel 1900
Briot 1863
Broca 1899
Brockmann 1887
Brodhuhn 1889. 96
Brown 1900
Brown, R. 1827
Brücke 1856
Brühl 1891
Brugmans 1778
Bruniatelli 1805
Bruhns 1861
Bruns 1876. 91. 95
Bryan 1891
Budde 1875
Bürgi 1620
Buff 1851
Bunge 1869
Bunsen 1840. 43. 45. 50. 54. 57 (6).
    60 (2). 67. 69. 70. 83
Buys-Ballot 1845. 51

Cagniard de la Tour 1819. 22.
    27. 34

Cailletet 1870. 77. 82
Campanile 1896
Canton 1750. 53. 59. 62
Cantone 1888. 90. 93
Carangeot 1780
Carcel 1800
Cardanus 1560
Cardew 1884
Carey Lea 1889
Carnelley 1881
Carnot 1824 (2)
Carlisle 1800
Caselli 1855
Cassini sr. 1661
Cassini jr. 1738
Castelli 1639
Castro 1538
Cauchy 1827. 29 (2). 37. 38. 50
Cavalieri 1647
Cavendish 1757. 71. 73. 98
Cayley 1857
Cazin 1864. 74
Celsius 1742
Chapotet 1660
Chappuis 1881. 83. 88
Charles 1783
Chasles 1837
Chaulnes 1767
Chevalier 1824. 38
Chevarnier 1845
Chladni 1787. 94. 99. 1802. 25
Cho-Ho 135 v. C.
Chree 1887. 88
Christiani 1878
Christiansen 1870. 84
Christoffle 1877
Chwolson 1883. 93
Clairaut 1743 (3). 54
Clapeyron 1833. 40. 43
Clark 1873. 74. 77
Clausius 1850 (2). 52 (2). 53. 57 (3).
    58. 64. 65. 70. 75. 80
Clebsch 1857. 58. 59. 60. 62 (2)
Clément 1819
Clifford 1888
Coehn 1897
Cohen 1894

Cohn 1886. 88. 90. 91
Colding 1843
Colladon 1827 (2)
Colley 1885
Columbus 1492
Condamine 1740
Coppet 1871
Corbino 1898
Cordier 1809
Coriolis 1828. 35
Cornu 1869. 71. 73. 74. 75. 80.
  81. 87. 93
Coromilas 1887
Corti 1846
Coulier 1875
Coulomb 1773. 80. 84. 85 (3). 98
Courvoisier 1900
Cowles 1886
Cremona 1872
Crookes 1859. 73. 78
Cruikshank 1800
Cullen 1767
Culman 1866
Cumming 1821. 24
Cumäus 1746
Curie 1880. 94 (2). 98. 1900 (2)
Czapski 1884. 88
Czermak 1893

Daguerre 1837
Dahlander 1871
D'Alembert 1743. 47 (2). 85
Dallmeyer 1891
Dal Negro 1832
Dalton 1802. 03 (2). 04. 06. 07. 08
Daniell 1817. 30. 36. 39
Darboux 1880. 85
Darcy 1857. 58
Darsonval 1881
Darwin 1879. 81. 87
Daumius 1707
Davy 1799. 1803. 12. 13. 14.
  21 (2). 23
Debierne 1899
Delisle 1715
Deluc 1772 (2)

Demarçay 1898
Demoklitos 450 v. C.
Demokrit 420 v. C.
Deprez 1881
Déry 1882
Desaguilliers 1739
Desains 1849. 50. 66
Descartes 1637 (3). 44. 47
Descoudre 1898
Desgoffes 1872
Deslandres 1885
Desmitianus 1603
Desormes 1819
Despretz 1823. 27. 28. 36 (2). 38
Dewar 1878. 84. 90. 92. 95. 98
Deyl, van 1807
Diesselhorst 1900
Dieterici 1888. 98
Dirichlet 1829. 46. 52. 60
Doebereiner 1823. 24
Dollond 1757
Donders 1858. 60
Donné 1840
Doppler 1842
Dorn 1877. 97. 1900
Dove 1835. 38. 47. 51
Drago 1900
Draper 1842. 43 (2). 46. 47
Drude 1884. 88. 89. 90 (3). 91 (2).
  92 (2). 94. 95 (2). 96. 97.
  1900 (3)
Drummond 1826
Dubosq 1844
Dubosq 1891
Dubuat 1786
Dudell 1897. 1900
Dühring 1873
Dufay 1725. 34. 39
Duhamel 1832. 43. 45
Duhem 1885. 86 (2). 88. 89. 95
Duillier 1730
Dulong 1816. 18. 19
Dumas 1827
Dumas 1878
Dupin 1814. 17
Duter 1878
Dutrocher 1826

Duvernais 1683
Dvořak 1876

Earnshaw 1860
Ebert 1888. 98. 1900 (2)
Eder 1878. 92
Edison 1874. 79 (2)
Edlund 1849. 67. 71
Ellis 1880
Elsas 1882
Elster 1882. 83. 85. 88. 89. 99 (2).
   1900
Emden 1899
Empedokles 450 v. C.
Eötvös 1886. 96
Eratostenes 230 v. C.
Ettingshausen 1886 (2). 87
Euklid 305. 300. 290 v. C.
Euler 1736. 37. 39. 45. 46. 48.
   49. 58. 59. 70. 75. 77. 79. 80
Everdingen 1896
Everett 1896
Ewald 1899
Ewing 1882. 85. 89
Exner, F. 1873. 75. 79. 87. 95. 96
Exner, K. 1882
Eytelwein 1800

Fabri 1660
Fabri, C. 1892
Fabricius 1556
Fabry 1897
Fahrenheit 1714. 21. 24
Fairbain 1860
Faraday 1821. 23. 31 (3). 32. 33 (2).
   34 (2). 35. 37 (2). 38 (2). 39.
   42. 45 (2). 49. 50. 52
Farmer 1896
Faure 1882
Favre 1852. 54
Fechner 1839. 56
Feddersen 1858 (2)
Fedorow 1884
Felici 1852
Fermat 1867

Ferraris 1888
Feussner, K. 1897
Feussner, W. 1880
Fick 1855
Fiévez 1885
Finsterwalder 1888. 91
Fischer 1868
Fizeau 1843. 47 (2). 48. 49. 53.
   61. 62. 63. 64. 78
Fleischl 1885
Fleming 1883. 86. 92. 97
Flinders 1798
Foeppl 1897
Fomm 1894
Fontana 1646
Fontana 1755. 75. 80
Forbes 1836. 50. 52
Forchhammer 1887
Forel 1886
Fortin 1797
Foucault 1844. 46. 47. 49. 50.
   51. 52. 54 (2). 55. 66. 78
Foulton 1807
Fourier 1807. 11. 22
Fourneyron 1827
Frankenheim 1835
Franklin 1747. 48. 50. 52. 65.
   73. 75
Franz 1850. 53 (2). 55
Fraunhofer 1813. 14 (2). 15. 17 (3).
   22. 25
Fresnel 1815. 16 (2). 19. 21 (3).
   23. 26. 31
Froehlich 1888
Froelich 1871. 81. 83. 87. 89
Fromme 1875. 78
Frontinus 70
Fuchs 1856

Gad 1878
Gadolin 1867
Gahn 1810
Galilei 1583. 90. 96 (2). 97. 1600
   04. 08. 10 (2). 11. 13. 32
Galle 1846
Galton 1883

Hagenbach 1860
Haidinger 1844. 49
Hajech 1857
Hall, C. M. 1729
Hall, E. 1879
Halley 1686. 1700. 14
Hallwachs 1886. 88
Hamburger 1885
Hamilton 1824. 32. 34. 53 (2)
Haudl 1878
Hankel 1839. 48. 50. 59. 61
Hausemann 1880 (2). 84
Hansteen 1819
Hargreave 1896
Harrison 1725. 36
Hartig 1874
Hartl 1892
Hartley 1889
Hartmann 1510. 40
Hartnack 1855
Haschek 1896. 99
Hauptmann 1853
Hausmaninger 1883
Hauy 1782. 84. 87. 99. 1801. 21
Hawksbee 1705. 06. 07. 09 (2) 10
Heaviside 1873. 85
de Heen 1884
Heerwagen 1890. 91
Hefner-Alteneck 1873. 79. 84. 95
Heine 1873
Heinrich 1811
Helm 1896
Helmert 1884 (2). 98
Helmholtz 1847 (2). 51. 52. 53.
    56. 57 (2). 58 (2). 59 (3). 60 (3).
    61 (2). 62. 63 (3). 64. 66.
    67 (3). 68. 70 (2). 71. 73 (2).
    77. 78. 79 (2). 81. 82 (3). 83.
    84. 89. 90. 92 (2) 96
Helmholtz, R. 1886
Helmont 1610
Hemmer 1780
Hemming 1899
Hengler 1831
Henrichsen 1888
Henry 1803. 42. 45
Hensen 1879. 1900

Heraklit 495 v. C.
Hermann 1889. 90
Heron 120. 110. 105 v. C.
Herschel, J. 1819. 25. 33. 42. 45
Herschel, W. 1785. 1800. 09
Hertz 1880. 81. 82 (3). 83 (3).
    84 (2). 87 (3). 88 (3). 90 (2).
    91. 94. (4). 95
Herwig 1877
Hesehus 1885 (2). 90
Hess 1883. 89
Hessel 1829
Heun 1891. 98
Heydweiller 1894. 96. 99
Hicks 1880
Higgins 1777
Himstedt 1880. 1900
Hindley 1740
Hipp 1861
Hipparch 145. 140. 135 v. C.
Hirn 1850. 58. 62. 67
Hirth 1900
Hittorf 1853. 65. 69 (5) 74. 79 (2).
    83. 84
Hjörter 1741
Hobbes 1670
Hodgkinson 1837
Hoegh 1892
Hoelder 1896
Hoff, van't 1875. 84. 85. 86. 87
Hofmann 1861
Holborn 1892. 98
Holtz 1865. 68. 75
Holtzmann 1845
Holzmüller 1882
Homberg 1699
Honda 1898. 1900
Hooke 1660. 65 (3). 66. 67. 71.
    74. 78. 88
Hoorweg 1876
Hopkins 1833. 38
Hopkinson 1877. 80. 85. 86. 89 (2)
Hoppe 1854
Horstmann 1869
Houghton 1735
Houston 1896
Hucbald 910

Lobach 1890
Lobatschweski 1830
Lockyer 1869. 73. 78
Lodge 1878. 80. 85. 94.
Lohnstein 1891 (2)
Lommel 1871. 80. 81. 83 (2).
  86. 90
Long 1880
Loomis 1849
Lorentz, H. A. 1880. 82. 84. 85.
  91. 92. 93. 95.
Lorentz, R. 1899. 1900
Lorenz, L. 1860. 72. 73. 80 (2)
  81 (2)
Loschmidt 1865. 70
Love 1888
Low 1889
Lucrez 70 — 55 (2) v. C.
Luft 1888
Luguinine 1896
Lullin 1769
Lumière 1890
Lummer 1885. 89. 92. 96. 97. 99
Lundquist 1869
Lussana 1891
Lux 1887

Macaluso 1898
Mac Connell 1887
Mac Cullagh 1837. 38
Mach 1860. 68. 70 (2). 73 (2).
  75 (2). 78. 82. 83. 87 (2).
  89. 96
Mach, L. 1891
Maclaurin 1742 (2)
Macleod 1874
Maddox 1871
Mälzel 1813
Magiotti 1648
Magnus 1842. 44. 50. 53. 58.
  60. 66. 70
Mallard 1881
Malus 1808 (2). 10
Mance 1871
Maraldi 1738
Marangoni 1865

Marchis 1898
Marconi 1896
Marcus Marci 1637. 48
Marey 1885. 93
Marggraf 1730
Mariotte 1676. 77. 80 (2). 81.
  82. 84 (2).
Martens 1899
Marum, van 1792
Marx 1900
Mascart 1864. 71. 75
Maskelyne 1774
Massieu 1877
Masson 1853. 58
Mathias 1890 (2)
Matteucci 1847. 50
Matthiessen, A. 1860
Matthiessen, L. 1857. 68. 77.
  83. 88
Matthieu 1868
Maupertuis 1752
Maurolykos 1575
Maury 1853. 56
Maxim 1894
Maxwell 1856. 58. 60 (5). 61 (3).
  64 (2). 65 (4). 66. 68 (2). 70.
  71 (3). 72 (2). 73 (7). 75 (2).
Mayer, Rob. 1840. 42. 45
Mayer, Tob. 1752. 60. 63
Melde 1860. 62. 94. 98
Melloni 1831 (2)
Melsens 1881
Mensbrugghe 1866
Mercadier 1873. 80
Mercator 1550
Merian 1828
Merritt 1895
Mersenne 1630. 36 (2)
Mertens 1864. 68
Meyer, G. 1891
Meyer, L. 1869
Meyer, O. E. 1861 (2). 1871.
  74 (2). 77. 78
Meyer, St. 1897
Meyer, V. 1877. 79. 90
Micheli 1900
Michel-Lévy 1883

Recknagel 1877. 78
Reed 1897
Rees, van 1847. 65
Regnault 1840. 41. 42. 45 (2).
    47 (4). 59. 61. 62. 68
Regnier 1790
Reich 1831. 38
Reichenbach 1807. 11
Reis 1860
Reitlinger 1860
Rellstab 1868
Ressel 1826
Reusch 1857. 60. 68
Reye 1865
Reynolds 1874. 83
Rhäticus 1539
Rheytas 1665
Rhyn, van 1883
Richard 1892
Richards 1900
Richarz 1884. 85. 90. 93. 94
Richet 1671
Richman 1750. 53
Richter 1789
Riecke 1870. 73. 78. 81 (2). 84
    85 (2). 88. 91. 98 (2)
Riemann 1854. 55. 59. 61
Riess 1834. 37. 46. 50. 53. 55
Righi 1873. 78. 83 (2). 84. 85.
    87. 88. 92. 94. 95. 96. 98 (2).
Rijke 1859
Ritchie 1833
Ritter 1800. 01 (2). 02. 03
Rive, de la, A. 1841. 58. 67
Rive, de la, L. 1889. 90
Roberts-Austen 1881
Roberval 1663. 70
Robinson 1846
Robison 1799
Rochon 1776
Rodger 1894
Roeber 1831
Roemer 1676
Roentgen 1876. 78. 79. 81. 82.
    83. 84. 86. 88 (2). 91. 95 (2).
Roget 1835
Rohr 1899

Roiti 1896
Romas 1753
Rood 1893
Root 1876 (2)
Roscoe 1857. 62
Rose 1772
Rositzky 1878
Ross 1831
Roth 1881
Rousselot 1891
Rowland 1873. 76. 78. 80 (2). 82.
    88 (2). 91. 93
Rozier 1783
Rubens 1889. 90. 91. 92 (2). 94.
    95 (2). 97 (2). 98. 1900
Rudberg 1837
Rudolph 1891
Rudorff 1861
Rumford 1778. 94. 98. 99.
    1805. 12
Rumkorff 1846. 51
Runge 1888. 90. 1900
Russell 1844 (2)
Russell 1862
Rutherford 1794
Rutherford 1865
Rutherford 1896. 97. 1900.
Rydberg 1890 (2). 1900

Saalschütz 1880
Saint-Claire Deville 1863
Saint Venant 1839. 43 (2). 55.
    56. 67
Salcher 1887 (2). 89
Salsano 1784
Salter 1850
Salva 1798
Salvino degli Armati 1285
Sanuto 1588
Sarasin 1875. 89. 90
Saussure 1783. 89. 1814
Sauveur 1700
Savart, F. 1820 (2). 26. 29. 30.
    33. 53
Savart, N. 1825. 39. 42
Savary 1698

Vautier 1886 (2)
Verdet 1854. 65
Vernier 1631
Verschaffelt 1894
Vettin 1857
Vicat 1834
Vidi 1848
Vieille 1881
Vierordt 1845. 70. 78
Villard 1900
Villari 1865. 68. 71
Vincent 1897
Violle 1884. 86
Vitruv 12. n. C.
Viviani 1643
Vogel, H. C. 1871. 88
Vogel, H. W. 1873
Voigt 1876. 82. 83 (2). 84 (3).
    85. 87. 90 (4). 91 (2). 93 (4).
    97 (2). 98 (2). 1900
Volta 1782. 92. 93. 99. 1816
Volterra 1891. 93
Volkmann 1879
Voss, I. 1666
Voss, A. 1884
Vries 1888

Waage 1867. 79
Waals, van der 1873 (5). 93. 95.
    1900
Wagner 1839
Waidele 1843
Waitz 1882. 97
Walker 1841
Walker 1890. 1900
Wallis 1668
Waltenhofen 1863. 68. 72. 80
Wangerin 1873. 78. 80
Wanzel 1839
Warburg 1870. 75 (3). 76. 78.
    81. 82. 86. 87. 89. 90. 96.
    98. 1900
Warren de la Rue 1868. 79
Wartmann 1846
Watson 1747. 60
Watt 1765. 69. 70. 72

Way 1865
Wead 1883
Weber, H. F. 1875. 79. 80. 87
Weber, L. 1883
Weber, R. 1885
Weber, W. 1825 (2) 29. 33 (2).
    35. 36. 38 (2). 39. 41. 46 (3).
    52 (4). 53. 56. 71. 80
Wedgewood 1782. 1802
Wehnelt 1889. 98. 99
Weierstrass 1858
Weihrauch 1883
Weinhold 1870. 79. 87
Weinstein 1886 (2). 1900
Weisbach 1855. 61
Weiss 1813
Weiss 1896
Welsh 1852
Wenham 1856
Werckmeister 1700
Wernicke 1875
Wertheim 1842. 44 (5). 45. 49.
    51. 52
Weston 1888. 92
Whewell 1836. 37. 50
Wheatstone 1827. 32. 33. 34 (2).
    35. 36. 37. 38. 44. 45. 67
Wick 1364
Wiebe 1894
Wiechert 1889. 91. 96. 97 (2). 99
Wiedemann, E. 1876. 77. 78 (2).
    80. 82. 88 (2). 93. 95 (2)
Wiedemann, G. 1842. 51. 52.
    53 (3). 57. 58 (2). 60. 62. 64.
    65. 72. 77
Wien, M. 1888. 89. 90. 91. 94.
    96 (2). 98
Wien, W. 1891. 92. 93. 94. 96 98
Wiener 1890. 93. 95
Wild 1857. 63. 65. 72. 74 (2).
    80. 87
Wilhelmy 1864
Wilke 1753, 57. 62. 66. 72
Willigen, van der 1859
Willis 1873
Willows 1900
Wills 1898. 1900